互联网域间路由
协同管理技术及应用

刘 欣 ◎ 编 著
胡 宁 ◎ 副主编

电子科技大学出版社
University of Electronic Science and Technology of China Press

·成都·

图书在版编目（CIP）数据

互联网域间路由协同管理技术及应用 / 刘欣编著；
胡宁副主编. -- 成都：成都电子科大出版社，2025.1.
ISBN 978-7-5770-1284-1

Ⅰ. TN915.04

中国国家版本馆 CIP 数据核字第 2024DE8698 号

互联网域间路由协同管理技术及应用
HULIANWANG YUJIAN LUYOU XIETONG GUANLI JISHU JI YINGYONG

刘　欣　编　著
胡　宁　副主编

策划编辑	李述娜
责任编辑	李述娜
责任校对	雷晓丽
责任印制	梁　硕

出版发行　电子科技大学出版社
　　　　　成都市一环路东一段 159 号电子信息产业大厦九楼　邮编 610051
主　　页　www.uestcp.com.cn
服务电话　028-83203399
邮购电话　028-83201495

印　　刷	成都久之印刷有限公司
成品尺寸	170 mm×240 mm
印　　张	12.75
字　　数	208 千字
版　　次	2025 年 1 月第 1 版
印　　次	2025 年 1 月第 1 次印刷
书　　号	ISBN 978-7-5770-1284-1
定　　价	79.00 元

版权所有，侵权必究

前　　言

　　域间路由系统是互联网的核心基础设施，域间路由管理是互联网传输、连通和安全的重要保证。由于缺乏必要的全局性基础设施和支撑机制，网络运营商 ISP（internet service provider）在路由配置、路由监测和路由安全等管理过程中缺乏协同，从而导致了策略冲突、诊断困难和路由欺骗等诸多问题的产生。

　　本书针对域间路由管理中的典型问题与共性需求，对 ISP 协同机制及其应用技术展开深入研究，提出了一种域间路由协同管理框架，重点研究了基于隐私保护的策略冲突检查技术、基于信息共享的路由协同监测技术以及基于信誉评价的路由协同安全技术，并在此基础上设计实现了一个原型系统。本书主要贡献包括以下几个方面。

　　第一，针对域间路由管理缺乏协同的现状，提出了一种面向 ISP 的协同管理框架——ISPCMF（ISP cooperative management framework）。ISPCMF 以隐私保护、信息共享和信誉评价等协同机制为基础，为 ISP 提供协同配置检查、协同路由监测和协同路由安全等能力，通过完善支撑机制来促进 ISP 的自组织协同。ISPCMF 强调方案的渐进部署性与可实施性，构建在应用层的 P2P 网络上，不需要修改路由协议，具有良好的可扩展性与较低的计算和通信开销。

　　第二，针对域间路由配置中的策略冲突问题及 ISP 的隐私保护需求，提出了一种不泄露 ISP 路由策略的协同策略检查方法——CoRCC（cooperative routing configuration checking）。首先，将路由策略冲突检查转化为路由决策结果比较，证明了转化的正确性；其次，基于离散对数假设和可交换加密函数设计了路由决策结果安全比较协议，并从理论上证明了协议的安全性；最后，给出了使用 CoRCC 检查路由策略冲突的具体步骤，通过实验验证了该方法的有效性。与现有解决方案相比，CoRCC 具有以下四个优势：①能够在不暴露 ISP 路由策略的前提下实现策略冲突检查；②不需要引入第三方，避免了合谋攻击；③加／解密次数和通信开销分别减少 30%和 50%；④具有良好的通用性，可用于策略冲突检查、路由有效性验证、路由策略协商等多种域间路由管理应用。

第三，针对域间路由监测中单自治系统监测能力不足的问题，提出了一种基于信息共享的协同路由监测方法——CoRVM（cooperative route validating and monitoring）。首先，利用路由监测信息的局部性和相关性设计了一种信息共享机制，在该机制的作用下，ISP 能通过局部决策实现路由监测信息的按需共享，进而提高自治系统的路由监测能力；其次，基于该机制给出了路由可信验证和虚假路由通知的具体办法；最后，通过实验验证评估了信息共享机制的有效性。与现有解决方案相比，CoRVM 具有以下四个优势：①具有良好的自组织性，自治系统之间的协同不需要统一的调度管理中心；②具有良好的可扩展性，随着监测节点数量的增加，路由监测信息的有效覆盖率呈指数增长，无效通信开销呈指数减少；③具有激励性，自治系统对外共享的有效信息越多，自身收益越大；④适用于协同路由监测、协同入侵检测、抵御 DDos 攻击等多种协同管理应用。

第四，针对域间路由安全中的虚假路由问题，提出了一种基于信誉机制的协同路由防御方法——CoRSD（cooperative routing security defensing）。首先，利用 ISP 的商业关系约束，设计了自治系统路由信誉计算模型，该模型根据自治系统已宣告路由的真实性统计结果，采用后验概率分析方法计算自治系统路由信誉；其次，结合域间路由系统拓扑结构的幂律特性，提出了基于信誉联盟的组信誉管理机制；最后，针对路由前缀劫持和路径伪造两类典型路由攻击行为，给出了基于信誉机制的协同路由防御方法。与现有解决方案相比，CoRSD 具有以下三个优势：①通过 ISP 的局部协同实现路由系统的整体安全防御，具备渐进部署能力，可实施性更强；②具有惩罚性，可以有效抑制虚假路由的传播范围并迅速隔离连续实施路由欺骗行为的自治系统；③信誉计算规模和管理开销更低，非盟主节点的存储和通信开销比全分布式管理模型降低 65%和 69%。

第五，设计并实现了 ISPCMF 的原型系统——ISPCoware（ISP cooperation software），对本书提出的协同管理方法进行了实现和验证，并从逻辑功能视图、模块开发视图、系统部署视图等多个角度对 ISPCoware 的实现技术进行了讨论。ISPCoware 可以作为域间路由管理的辅助工具，也可以作为开放式平台构筑一体化的域间路由协同管理环境。

本书的研究成果对促进 ISP 协同和互联网的健康演化具有良好的理论价值和实践意义，对构建更为完善的 ISP 协同管理环境提供了重要支持。本书所做工作已在有关的预研课题和实际工程项目中得到了应用，效果良好。

本书的出版离不开各位朋友的帮助，在此，作者衷心感谢在写作过程中获得的各方支持。由于作者水平有限，书中难免存在疏漏，欢迎广大读者批评指正。

目 录

第1章 绪论 1
  1.1 研究背景 2
    1.1.1 域间路由系统的发展概述 2
    1.1.2 域间路由管理的研究意义 5
    1.1.3 域间路由管理面临的挑战 7
  1.2 现状分析 10
  1.3 研究工作 16
    1.3.1 研究内容 16
    1.3.2 研究方法 18
    1.3.3 主要贡献 19
  1.4 本书结构 21

第2章 相关研究 23
  2.1 典型问题与解决方案 24
    2.1.1 策略冲突检查 24
    2.1.2 路由协同监测 34
    2.1.3 路由可信验证 38
    2.1.4 域间路由安全 41
  2.2 协同机理与应用研究 45
    2.2.1 协同理念 45
    2.2.2 协同应用 46
    2.2.3 协同机制 48

2.3 小结 52

第 3 章 域间路由协同管理框架 55
3.1 动机与目标 56
3.2 问题描述与分析 57
  3.2.1 域间路由管理中的困境 57
  3.2.2 ISP 协同的概念与难点 59
3.3 ISPCMF 体系结构 62
  3.3.1 核心要素 62
  3.3.2 系统结构 66
  3.3.3 设计原则 67
3.4 实例化设计——ISPCoware 68
  3.4.1 功能描述 68
  3.4.2 软件结构 69
  3.4.3 系统部署 70
3.5 小结 71

第 4 章 基于隐私保护的协同策略检查方法 73
4.1 动机与目标 74
4.2 问题描述 75
  4.2.1 策略配置管理 75
  4.2.2 主要概念定义 77
4.3 CoRCC 设计 79
  4.3.1 安全两方比较协议 80
  4.3.2 过滤冲突检查 82
  4.3.3 决策冲突检查 84
  4.3.4 规格化与检测时机 88
4.4 实验与评估 90
  4.4.1 过滤冲突验证 90

  4.4.2 决策冲突验证 93

  4.4.3 性能对比分析 95

 4.5 讨论 98

 4.6 小结 99

第 5 章 基于信息共享的协同路由监测方法 101

 5.1 动机与目标 102

 5.2 问题描述 103

  5.2.1 监测信息共享 103

  5.2.2 主要概念定义 105

 5.3 CoRVM 设计 107

  5.3.1 局部性与相关性 107

  5.3.2 路由可信验证 108

  5.3.3 虚假路由通知 112

  5.3.4 有效性、激励性及性能分析 116

  5.3.5 消息格式与传输控制 118

 5.4 实验与评估 119

  5.4.1 性能评估标准 119

  5.4.2 性能实验方案 120

  5.4.3 性能对比分析 122

  5.4.4 有效性验证 127

 5.5 讨论 128

 5.6 小结 130

第 6 章 基于信誉机制的协同路由防御方法 131

 6.1 动机与目标 132

 6.2 问题描述 133

  6.2.1 路由可信评估 133

  6.2.2 主要概念定义 134

6.3 CoRSD 设计 136
6.3.1 计算模型 136
6.3.2 管理模型 140
6.3.3 应用方法 144
6.4 实验与评估 145
6.4.1 模型有效性验证 145
6.4.2 应用有效性验证 150
6.5 讨论 153
6.6 小结 154

第 7 章 域间路由协同管理系统 155
7.1 动机与目标 156
7.2 总体设计 157
7.2.1 逻辑功能视图 157
7.2.2 模块开发视图 158
7.2.3 系统部署视图 160
7.2.4 开发环境说明 160
7.3 系统验证与展示 162
7.3.1 系统外观介绍 162
7.3.2 BGP 数据采集 163
7.3.3 策略配置检查 165
7.3.4 路由协同监测 168
7.3.5 路由信誉评估 170
7.4 小结 172

第 8 章 结论与展望 173
8.1 研究结论 174
8.2 未来展望 176

参考资料 178

第1章

绪 论

自 20 世纪 90 年代中期以来，随着商务应用日益增多，网络规模快速增长，用户数量急剧增大，互联网已经从一个学术性网络演化为具有重要商业意义的人类社会信息基础设施。互联网商业化加剧了运营商——ISP 之间的竞争，在推动互联网发展的同时，也为互联网管理带来了新的挑战。协同作为一种克服信息局部性和 ISP 自私性的有效技术手段，近年来得到运营商和学术界的重视和应用。本书从网络管理的角度出发，针对互联网域间路由的典型问题，结合实际工程背景，深入研究基于 ISP 协同的域间路由管理技术，通过提高 ISP 对互联网域间路由系统的协同管理能力来消除商业竞争带来的负面影响，从而促进互联网健康、稳定、持续发展。

本章内容组织如下：1.1 研究背景，1.2 现状分析，1.3 研究工作，1.4 本书结构。

1.1 研究背景

1.1.1 域间路由系统的发展概述

随着计算机和网络技术的飞速发展，互联网已经成为现代信息社会的重要基础设施。域间路由系统位于互联网的控制平面，负责传递网络可达信息和实现 ISP 策略控制，对互联网高效、稳定、安全地运行起着决定性的作用。

域间路由系统是伴随互联网的发展逐渐发展起来的。在互联网发展初期，所有局域网通过核心网关接入 ARPAnet 广域网，核心网关之间不断交换路由信息，构成早期的域间路由系统。随着互联网规模不断扩大，这种路由结构开始面临诸多问题，如路由表项剧增、路由收敛缓慢、故障诊断困难等。为解决这些问题，层次化路由结构被提出。在层次化路由结构中，所有的网络节点按照其所属的管理机构被划分为多个管理域，独立完成内部网络的运营和管理，并且通过边界路由器（也称边界网关）接入互联网，实现彼此互联。这些管理域的专业名称是"自治系统（autonomous system，AS）"，每个自治系统通过全局唯一的自治系统号码（ASN）来标识。互联网工程任务组（IETF）将自治系统定义为"一组由同一管理机构控制的，使用相同路由策略和路由度量的路由器"[1]。

自治系统的管理机构主要包括网络运营商（ISP）、公司或者大学等，其中 ISP 的地位与作用最为重要，因为商业化后的互联网在很大程度上就是由成千上万的 ISP 共同管理与运营的。因此，本书统一使用 ISP 来特指自治系统的管理机构。在实际的互联网中，ISP 和自治系统之间并不存在一一对应的关系，一个大型 ISP 可能拥有多个自治系统，多个小型 ISP 可能共用一个自治系统。为了简化问题和方便叙述，现有研究普遍假设 ISP 和自治系统是一一对应的关系。另外，在不引起混淆的情况下，对管理机构、网络运营商、管理域和自治系统这几个概念不加区别地使用。

自治系统的出现将互联网的路由结构划分为两个层次：自治系统域内路由和自治系统域间路由。域内路由的主要任务是通过域内路由协议发现和计算自治系统内部两点之间的最短距离路由，常见的域内路由协议包括 RIP、EIGRP、IS-IS 和 OSPF 等路由协议。域间路由的主要任务则是在自治系统之间传递网络层可达信息，根据管理机构制定的路由策略对跨域路由信息进行优选和传播。域间路由将遍布全球的自治系统联结在一起，形成了规模巨大的互联网。边界网关协议（border gateway protocol，BGP）协议是目前互联网域间路由协议的事实标准。BGP 协议的第一个版本由 IETF 的域间路由工作组（IDR）于 1989 年发布，之后又陆续修订和发布了 60 多个 RFC 规范来完善 BGP 协议的相关功能，目前广泛使用的是在 1995 年发布的 RFC 1771 标准，即 BGP-4[1]。在 BGP 协议的作用下，遍布全球的自治系统被组织在一起，形成了目前规模巨大的域间路由系统。图 1.1（a）给出了一个路由器级拓扑图，图 1.1（b）则是由 CAIDA 提供的互联网自治系统级拓扑图。

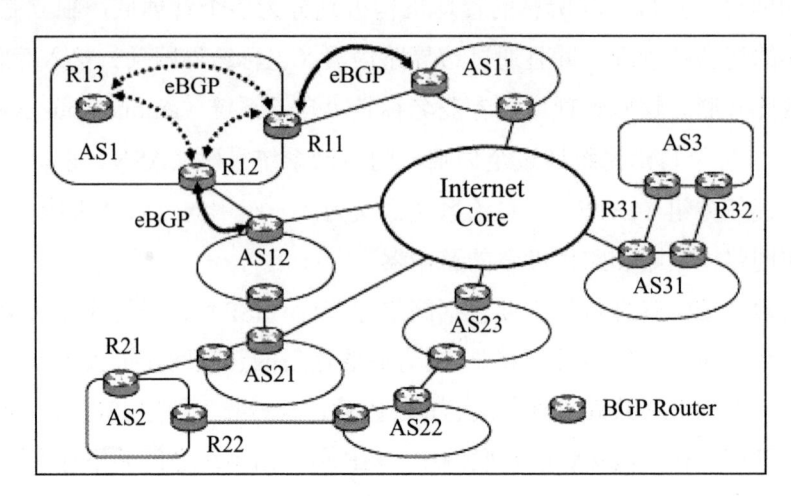

（a）路由器级拓扑图[2]

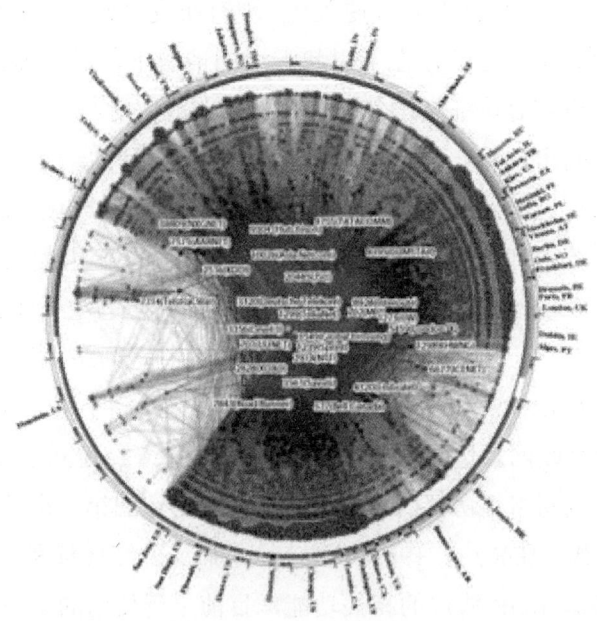

（b）自治系统级拓扑图[3]

图 1.1　互联网域间路由系统拓扑结构图

1.1.2 域间路由管理的研究意义

域间路由管理是互联网运营管理的重要内容，属于网络管理范畴，其管理对象是域间路由系统，具体内容包括域间路由配置、性能、故障和安全管理。加强域间路由管理技术的研究具有重要的现实意义，对网络管理技术的发展有良好的理论参考价值。

（1）研究域间路由管理技术具有重要的现实意义

随着应用价值和商业价值的提升，互联网的稳定性、可靠性和安全性变得日趋重要。域间路由系统作为互联网的核心基础构件，不但是传递网络可达信息的基础设施，而且是各运营商实施策略控制的重要平台。互联网的数据传输性能、连通性和安全性都在很大程度上依赖域间路由系统。从路由的角度看，形成全局最优的路由是提高网络传输性能的保证，确保自治系统使用真实有效的路由是实现自治系统互通的基本要求，保护自治系统免受路由攻击是路由安全的核心目标。一旦路由系统出现问题，会导致整个互联网陷入瘫痪，使得大范围的数据通信受到影响。例如，图1.2（a）是Yankee工作组给出的网络瘫痪一小时对股票、银行等行业造成的经济损失统计；图1.2（b）给出了造成网络瘫痪的原因分类统计，其中IP路由失败以及路由器配置错误都与路由管理相关，两者之和超过总比例的60%。由此可见，域间路由管理是确保域间路由系统健康运营的关键，是互联网数据传输、连通和安全的重要保证。

随着互联网规模的快速增长，域间路由系统已经发展成为一个复杂巨系统。由于两字节的自治系统号即将分配殆尽，互联网名称和号码分配公司（ICANN）与区域网络注册中心（RIR）已启动了四字节自治系统号的分配进程[6]。虽然不断有新的路由控制体系和路由协议提出[7-10]，但都因为不够成熟而无法在实际环境下部署。域间路由系统的这种发展趋势表明：在未来相当长的时期内，互联网基于自治系统的基本组成特性不会改变，基于 BGP 协议的域间路由系统核心地位也不会动摇，加强域间路由管理的研究对促进互联网健康发展具有重要的现实意义和长远的影响。

Vertical Market	Revenue Loss ($) Per Hour of Downtime
Brokerage	4 500 000
Banking	2 600 000
Media	1 200 000
E-Commerce	100 000
Retail	90 000
Transportation	90 000

Source: The Yankee Group, November 2004

（a）网络瘫痪造成的经济损失

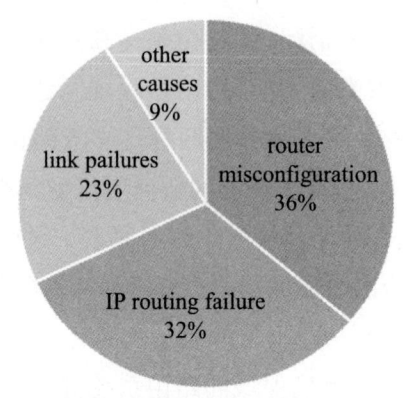

other causes 9%
link pailures 23%
router misconfiguration 36%
IP routing failure 32%

Source: Study by the University of Michigan and Sprint, October 2004

（b）引起网络瘫痪的原因分析

图 1.2　网络瘫痪引起的经济损失及原因分析

（2）研究域间路由管理技术具有重要的研究价值

BGP 协议自互联网商业化以来就作为域间路由协议被广泛部署，已经成为域间路由协议的唯一事实标准。由于 BGP 协议的设计在互联网被商业化之前（1995 年）已经趋于成熟和稳定，这使得基于 BGP 协议的域间路由系统在面对诸多由互联网商业化引发的管理问题时显得力不从心。域间路由管理已经成为研究机构、运营商和设备厂商广泛关注的话题，例如，IETF 成立了 GROW[11]、RPSEC[12]和 SIDR[13]等工作组，分别讨论路由管理问题、路由安全威胁模型和路由安全管理框架；北美网络运营商协会（north american network operators' group, NANOG）[14]在近 10 年举办的会议中，均将 ISP 路由管理和 ISP 安全作为会议的重要议题；2004—2009 年的 SIGCOM 和 INFOCOM 论文集中，每年都设立域间路由专题进行讨论。由此可见，域间路由管理已经成为一个极具研究价值的热门话题。

随着网络规模激增、网络复杂化和异构化，传统网络管理技术已经难以适应分布式网络系统的管理需求。现有网络管理系统大多采用分布式部署、集中式管理模式，真正的分布式协同管理并没有实现。目前互联网采用的分布式自主管理模式，由于缺乏跨域的全局信息和控制能力，受技术和利益的双重制约，网络管理效果有限。为使新一代互联网成为可管理、可运维、可控制、能保证服务质量的网络，在世界各国政府或研究机构制订的新型路由体系理论和管理机制研究计划中，都将网络管理技术列为重要的研究内容。例如，欧洲的 FIRE（future internet research and experiment），美国的 GENI（global environment for network innovations）、FIND（future internet design），我国的重点基础研究发展规划项目"新一代互联网路由与交换理论"和高技术研究发展计划（973 计划）、"新一代互联网路由系统基本理论和关键技术研究（863 计划）"，等等。域间路由系统是一个典型的分布式网络系统，研究其运行和管理技术对促进新型网络管理技术的发展具有良好的指导意义和理论参考价值。

1.1.3　域间路由管理面临的挑战

对互联网域间路由实施有效管理是极具挑战性的研究问题，其挑战性主要来自三个方面：域间路由系统自身的复杂性、管理机制和基础设施的匮乏以及非技术原因的影响和制约。

（1）域间路由系统自身的复杂性

域间路由系统自身的复杂性极大地增加了网络管理的难度，向传统的网络管理体系和技术提出了新的挑战。

互联网域间路由系统的复杂性首先体现在其系统规模和拓扑结构上。互联网是一个复杂巨系统，域间路由系统作为互联网的子系统，其规模也同样庞大。

域间路由系统的复杂性还表现在自治系统路由策略和路由行为上。BGP是基于策略的路由协议，提供了丰富的策略属性和信息结构，例如，BGP在路由选优时，不仅利用AS-PATH，还综合利用Local_Pref、MED、Origin和Router ID等多种属性进行路由选择。另外为了满足商业利益、流量工程、路由安全等多方面的控制要求，BGP还支持联邦（confederation）[17]、反射器（reflector）[18]等多种信息交换结构，这使得BGP的配置和ISP之间的交互更加复杂。复杂的路由策略进一步导致了自治系统复杂的路由行为，例如，最佳路由的选择要受ISP之间的商业约定和ISP内部流量工程等诸多因素的影响；同一自治系统对不同邻居节点会宣告不同的路由，域间路由的传播存在严重的非对称性；多宿主互联和备份路径的广泛采用等。

（2）管理机制和基础设施的匮乏

现有互联网环境缺乏全局统一的基础设施和管理机制，这为技术方案在具体实现和部署实施上带来障碍。

构成互联网的ISP分属不同国家和机构，它们独立负责自己的网络运营，拥有各自的政治和经济立场。在这种情况下，由于缺乏具备全局协调能力的组织机构和全网统一的管理基础设施，难以对ISP的行为进行集中式管理。例如，安全BGP协议S-BGP采用PKI技术来验证路由起源和路由传播的真实性，利用计算复杂性理论来保证BGP协议的安全[19]。虽然S-BGP协议具备完善的安全机制，但并没有在实际环境中部署。这是因为S-BGP在信任模型和认证模式上采用集中式控制模型，要求所有部署S-BGP的自治系统都使用同一认证中心（CA）颁发的数字证书。这种做法存在两个弊端：首先，受政治和经济等方面因素的影响，要求所有自治系统都依赖同一认证中心并不现实；其次，这种集中式信任模型无法提供良好的健壮性，一旦认证中心作废某自治系统的数字证书，将使该自治系统宣告的 BGP 路由成为非法路由，导致该自治系统从互联网上消失。

另外，受技术和利益的双重制约以及缺乏跨域全局信息和控制能力，分布式自主管理模式的效果也不够理想。现有互联网域间路由系统缺乏有效的激励和约束机制，这使得 ISP 在相互配合与自我行为管理方面缺乏积极性。例如，在进行跨域路由故障诊断和路由策略冲突消解时，往往需要自治系统对外公开自己的路由策略和网络拓扑，因为自治系统的路由策略往往包含了商业机密，如客户群体、服务策略等，而这些信息往往是诊断路由故障和消解策略冲突所必需的。另外，在缺乏相互监督和约束的情况下，运营商为了自身商业利益，不良路由行为的发生难以避免[20]。

（3）非技术原因的影响和制约

互联网商业化加剧了 ISP 之间的利益冲突，使得一些非技术问题变得突出，这些非技术原因改变了原有的问题模型，增加了问题求解的复杂性。

互联网最初是一个学术性产物，其主要目的是将世界上所有的计算机连接在一起实现资源共享，然而，随着互联网商业化，一些非技术因素开始影响到互联网的发展和管理。现有互联网中的 ISP 之间是一种竞争型协同关系，一方面为了保证互联网的连通性，属于不同 ISP 的自治系统之间需要通过路由协议交换路由信息，协同完成网络流量从源头到目的地的转发；另一方面，自治系统为了维护自身的经济利益，在制定其行为策略时，并不会仅仅考虑技术因素。例如，从技术的角度看，为了实现网络互联，所有的 ISP 之间应该建立互联关系，但是由于商业竞争和经济利益问题，ISP 之间在建立互联关系时往往需要考虑很多复杂的策略问题[21]。虽然一系列基于数字证书的安全 BGP 协议被提出，但是由于数字证书的颁发和管理涉及政治和主权问题而难以部署[19, 22-24]。很多国家为了信息安全保密，在制定路由策略时，并不是遵循常规的路由策略规则。加拿大政府就曾规定所有

政府机构的网络流量不得采用经过美国 ISP 的 BGP 路由。此外，ISP 之间的对等关系（peering）也是 ISP 为了实现互惠互利的目标而产生的[25]。文献[26]在讨论互联网顶级问题时指出，经济（economic）、主权（ownership）和信任（trust）是导致互联网管理问题的三大非技术原因。非技术原因改变了互联网的设计初衷，也增加了各种问题求解方案的考虑因素，著名学者 David Clark 在文献[27]中分析了在互联网设计中存在的工程技术与社会特性之间的矛盾（tussle），并指出如何解决这对矛盾是新一代互联网设计的核心问题。

1.2 现状分析

基于 BGP 的域间路由系统是互联网的核心基础设施，对互联网的演化起关键作用。受自身结构复杂性和 ISP 运营自私性的制约，现有互联网环境缺乏具有全局协调能力的组织机构和全网统一的管理基础设施，ISP 在网络运营过程中缺乏协同，整个域间路由系统在管理上表现出一种"无序性"，在稳定性、健壮性和安全性等方面存在诸多问题[28]，具体表现在以下几个方面。

（1）在性能管理方面，ISP 之间的竞争阻碍了全局路由优化

在现有互联网环境下，ISP 之间一方面彼此交换路由信息，协作转发网络流量；另一方面相互争夺客户和网络资源，谋求自身利益的最大化。这种竞争型合作关系使得自治系统在路由决策上存在难以避免的矛盾，对互联网的传输性能造成了影响，客观上是因为自治系统受 BGP 信息隐藏机制和自治性的制约，难以获得全局信息视图，主观上则是由于 ISP 商业竞争引起的自私性。

为保证路由系统的灵活性和扩展性，BGP 协议在传递域间路由信息时，只记录信息传递路径，对每跳经过的自治系统内部网络状态进行了隐藏，

自治系统在不了解其他节点网络状况的情况下，往往采用热土豆路由算法[21]，选择局部最佳路由把流量送到对方网络。热土豆路由算法难以获得全局最佳路由决策，会导致互联网端到端的路径变长（path inflation）。例如，在图 1.3 中，自治系统 AS1 通过 AS2 转发网络流量时，根据热土豆路由算法选择路由器 C 作为出口，进而导致 AS2 使用带宽较低的链路进行流量转发。

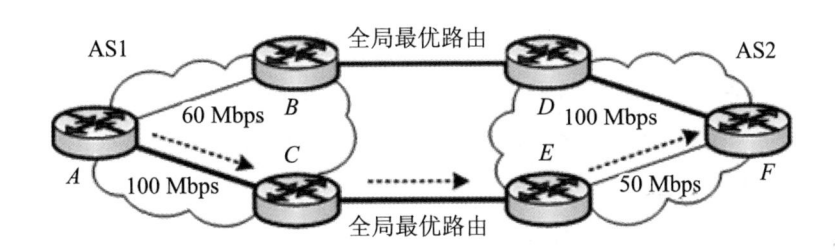

图 1.3　热土豆路由阻碍全局路由优化示意图

ISP 提供的流量转发服务质量与其经济利益密切相关。为使经济利益最大化，ISP 通过对外宣告不同的 BGP 路由来实施流量工程，优先为高回报用户提供流量转发服务。ISP 的这种自私行为阻碍了全局优化路由的形成[29]。例如，在图 1.4 中，自治系统 AS3 向 AS1 宣告去往 AS5 的 BGP 路由时，通过向 AS_PATH 中填充自己的 AS 编号来增加该路由的路径长度，最终使得 AS1 选择实际路径更远的路由进行报文转发。

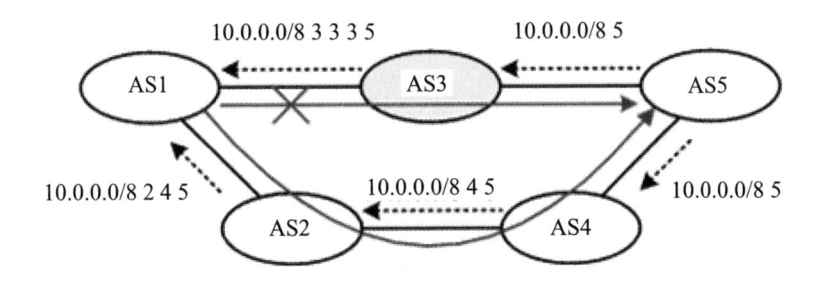

图 1.4　自治系统填充 AS_PATH 效果示意图

（2）在配置管理方面，ISP之间缺乏协同配置管理的能力

在互联网环境下，各ISP独立配置路由策略和进行路由决策，这种缺乏合作的路由配置管理模式容易产生策略冲突，破坏流量工程，在严重情况下会导致路由震荡，造成网络瘫痪。为了协调全球范围的路由系统配置，ISP之间迫切需要一种主动的协同配置能力。

路由震荡是ISP在配置路由策略时缺乏协同的典型结果。文献[30]在研究路由收敛问题时，发现如果多个ISP在配置路由策略时存在冲突并且构成环路，将会导致路由持续震荡而无法收敛。在图1.5中，如果自治系统A、B、C都优先选择逆时针邻居作为去往目标D的下一跳，则会导致A、B、C去往D的BGP路由无法收敛。

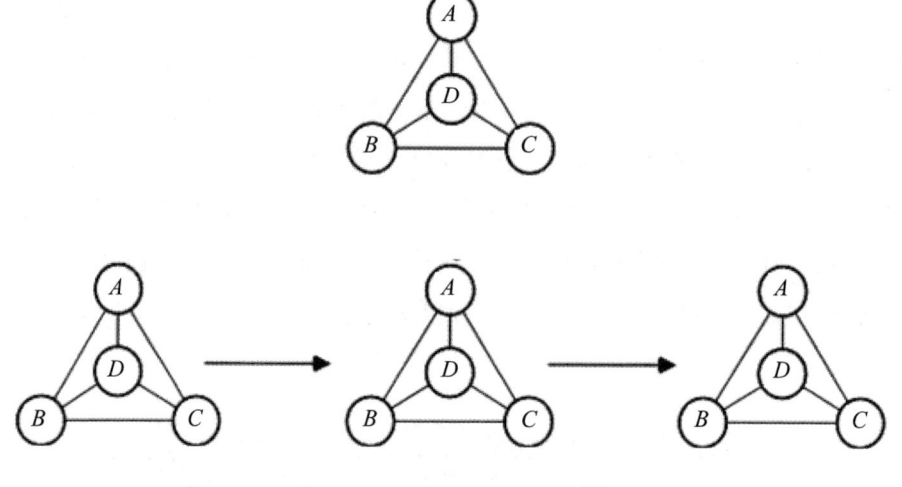

图1.5 路由震荡过程示意图[30]

除策略配置协调外，ISP协同配置管理能力的不足还体现在策略配置检查上。策略配置检查除了需要确认策略配置文件的描述语法是否正确以及是否遵守基本规则外，还需要分析自治系统之间的配置是否一致以及是否满足特定约束。由于ISP不愿对外公开路由策略，跨自治系统的策略冲突检查难以实施，现有研究大多只能检查单个自治系统内部的策略配置。例如，

由 MIT 开发的配置检查工具 RCC（routing configuration checker）是目前较为著名的研究成果，但是它只支持单一自治系统内的多个路由器之间的配置检查[31]。

（3）在安全管理方面，ISP 缺乏协同监督和自我约束机制

在 BGP 协议发展成熟之前，路由安全问题并未受到足够的重视，自治系统之间缺乏有效的协同监督和自我约束机制，没有形成良好的协同安全防范和安全追踪能力，基于 BGP 的域间路由系统在各种路由攻击行为面前显得非常脆弱[32]。

地址前缀劫持[33]是域间路由安全问题的代表，也是域间路由系统缺乏协同监督和自我约束机制的典型结果。在图 1.6 中，自治系统 AS100 和 AS400 分别是 AS200 和 AS500 的服务供应商（provider），而 AS200 和 AS500 又分别是 AS300 和 AS600 的服务供应商（provider），同时 AS200 和 AS500 之间是对等关系（peering-peering），AS300 是地址前缀 10.0.0.0/8 的合法持有者，而 AS600 是一个前缀劫持攻击者。由于在互联网环境下，自治系统可以任意对外宣告去往某地址前缀的路由，因此 AS300 和 AS600 都对外宣告自己拥有地址前缀 10.0.0.0/8，当 AS200 和 AS500 分别收到来自 AS300 和 AS600 的路由宣告时，根据客户路由优先的原则，AS200 和 AS500 会分别优选 AS300 和 AS600 宣告的去往 10.0.0.0/8 的路由，并且继续向其他 BGP 邻居传播。因此，AS100 和 AS400 将分别收到真实和虚假的去往 10.0.0.0/8 的路由信息，并根据所收到的 BGP 路由进行流量转发。此时，AS400 去往 10.0.0.0/8 的流量将被 AS600 劫持。从图 1.6 的示例可以发现，由于自治系统之间缺乏相互监督，因此恶意的自治系统在实施路由劫持行为时，难以被其他自治系统发现。此外，由于缺乏对恶意路由宣告行为的惩罚和抑制机制，自治系统对加强自身路由行为的管理和约束缺乏积极性和主动性。

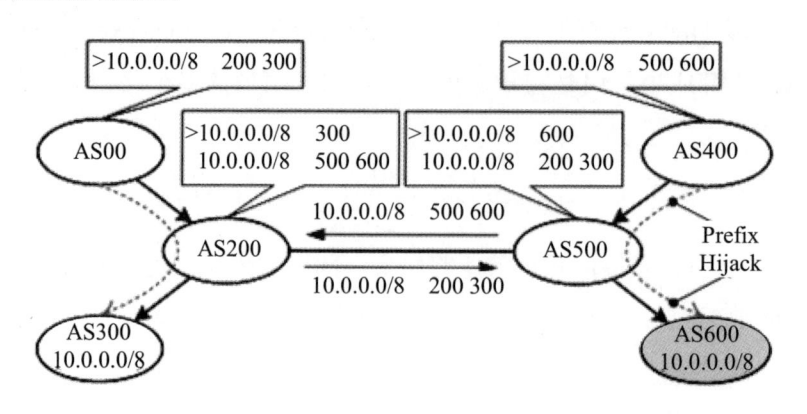

图 1.6 地址前缀劫持原理示意图

S-BGP 等安全路由协议虽然能够在控制平面上保证 BGP 路由的真实性，但无法阻止自治系统恶意或者自私路由行为的发生。另外，受性能等问题的困扰，至今尚无一例安全路由协议在实际环境下被大规模部署。因此，在管理层面加强对自治系统路由行为的监督和控制很有必要。例如，通过加强对自治系统路由宣告行为的监督，能够有效发现和遏制路由前缀劫持和路径伪造等路由异常和路由攻击；通过路由信息的联合分析和交叉验证，能够准确判定路由信息的真实性。

然而，由于 ISP 网络运营信息的私密性，以及底层协同通道、协同协议和协同计算等支撑机制的缺乏，在目前互联网域间路由管理中，并没有形成完善的路由安全协同防护能力。例如，在防范地址前缀劫持时，需要利用地区级互联网注册数据库 RIR（regional internet registry）[34]和路由注册中心 IRR（internet routing registry）[35]的信息产生"网络前缀-来源"对应关系知识库，而由于各种管理原因和 ISP 的自私性，RIR 与 IRR 提供的数据往往不够完整和准确，在 APNIC 的数据库中，地址前缀的可确认率仅为 40%[20]，Route View[36]路由表中的 BGP 路由前缀仅有 80%能够通过 IRR 数据库的验证[37]。

（4）在运营管理方面，ISP 之间缺乏有效的组织形态

为保证互联网的抗毁性和健壮性，各自治系统对互联网的控制地位应

该是对等的。然而，域间路由系统拓扑结构的幂律特性使得少数关键节点对整个互联网具有强烈的单边控制作用，通过攻击或控制这些关键节点，就足以搞垮整个域间路由系统。

在当前互联网环境下，各 ISP 对资源的控制权并不对等，少数国家拥有极大的控制权，例如，在网络域名、数字资源的分配和根服务器运行等方面，个别国家具有单边控制权，目前 13 个公认的 Tier-1 ISP 绝大部分在美国，彼此全互联构成整个互联网核心结构，骨干网路由器的 BGP 路由中大多数路径都要跨过这些顶级自治系统。一旦这些枢纽节点的支配权被滥用，将严重影响整个互联网功能的正常发挥和结构的健康演化。研究表明，只要有 5%~10%的关键节点同时失效，就会导致域间路由系统的不可达。由于控制平面和管理平面的协作关系和协作形式匮乏，多数国家的 ISP 对少数大国 ISP 的单边控制行为缺乏足够的抵抗力。为了保持对互联网资源控制的均衡性，ISP 迫切需要发展控制平面和管理平面的协作方式和协同应用，推动互联网结构的对等性和多极化。互联网的发展是受需求推动的，例如，规模相当的 ISP 之间通过建立对等关系（ISP peering）来降低管理开销和运营费用[25]。因此，有理由相信，随着 ISP 对协同需求的增加，必将催生更为丰富的协同组织形态。

综上所述，协同已经成为 ISP 解决诸多域间路由管理问题时不可或缺的技术手段。从早期的路由仲裁项目 RA[38]到近期的 AISLE[39]和 SBone[40]等，都在尝试通过建立全局性基础设施来实现多自治系统的协同，这些研究验证了协同方法的有效性，但对支持和促进 ISP 协同的核心机制缺乏系统的研究。互联网数据分析协会 CIADA 的首席调查员 K.Claffy 指出，ISP 协同是互联网尚未解决的 16 个顶级问题之一，而经济、主权和信任等非技术原因是导致这一结果的重要因素[26]。根据协同学理论，如果子系统之间能够相互共生、协调和利他，整个系统发挥的功能就可能大于或等于各子系统发挥功能之总和[41]。域间路由系统是多个自治系统构成的复杂系统，是 ISP 转发网络流量的公共平台，是需要 ISP 共同维护和管理的基础设施。因此，

只有加强 ISP 之间的协同，才能改进域间路由系统在性能、配置、安全和结构等方面的行为表现，从而促进整个互联网和谐稳定的发展。

1.3 研究工作

本书的研究工作受国家高技术研究发展计划（863 计划）"新一代可重构路由器"（项目编号：2008AA01A325）以及国家自然科学基金项目"新一代互联网域间协同机理研究"（项目编号：60873214）的资助，依托于具体工程项目——国家计算机网络与信息安全管理中心"互联网路由系统安全监测与安全态势可视化技术"（项目编号：2006B25），所做研究直接为上述项目服务。

1.3.1 研究内容

为了通过 ISP 独立的微观决策实现域间路由行为的整体协调，必须设计有效的协同机制来克服 ISP 自治性和信息隐藏性带来的负面影响。为此，本书基于 ISP 协同的思想针对域间路由管理的典型问题开展研究，研究重点是多 ISP 协同管理模型和基于协同机制的域间路由管理技术，具体包括以下几个方面。

（1）域间路由协同管理模型

为了克服自治系统信息局部性和行为自私性，域间路由系统管理需要 ISP 的协同。现有研究在解决域间路由管理问题时，对阻碍 ISP 协同的科学问题和关键机制缺乏系统研究，对于如何实现域间路由系统的协同管理缺乏参考模型和软件平台。本书以构建完善的 ISP 协同管理平台为最终目标，分析域间路由协同管理中的共性需求，提出一种以协同机制为支撑的域间路由管理框架，针对域间路由管理中的典型问题，给出基于协同机制的解决范型，为 ISP 实现域间路由系统的协同管理提供参考。

（2）基于隐私保护的协同策略检查技术

在现有互联网环境下，各 ISP 都是独立配置和管理各自的路由策略，这种缺乏协同的管理模式会引起策略冲突，从而导致诸多控制和管理问题，如路由震荡、路由安全及流量工程违背等。因为路由策略涉及 ISP 的商业秘密和系统安全，大多 ISP 都不对外公开自己的路由策略，缺乏有效的协同信息访问机制，使得跨域路由策略管理难以实施。本书研究基于多方安全计算理论的隐私保护机制，并将其应用到路由策略配置的协同检查中，为 ISP 提供跨自治系统的策略冲突检查能力。

（3）基于信息共享的协同路由监测技术

现有路由监测系统在路由监测过程中忽略了监测代理之间的信息交互，由于缺乏完整的全局路由视图，单个自治系统对虚假路由的发现能力和抑制能力都非常有限。路由协同监测通过在自治系统之间共享路由监测信息来形成更为完整的全局监测视图，从而克服域间路由系统自治性的制约，提高单个自治系统的路由监测能力。本书研究基于自组织思想的信息共享机制，并将其应用到路由协同监测中，提高 ISP 对虚假路由的识别和抑制能力。

（4）基于信誉机制的协同路由防御技术

以 S-BGP 为代表的安全路由协议能够提高自治系统对路由欺骗的抵御能力，但无法抑制自治系统恶意路由行为的发生。另外，大多安全路由协议都需要修改 BGP 协议并依赖 PKI 设施，在部署和实施方面存在较大困难，目前并没有实际部署的案例。信誉评价体制是一种多 ISP 的协同监督行为，其目的在于通过对自治系统路由行为进行可信性评价和监督来规范自治系统的路由行为，抑制虚假路由行为的危害，从而提升域间路由系统的整体安全能力。本书研究域间路由系统的信誉机制，并将其应用到自治系统的路由决策中，通过 ISP 协同来提高域间路由系统的整体安全能力。

以上各项研究工作的相互关系示意图如图 1.7 所示。其中域间路由协同管理框架 ISPCMF 是本书研究工作的总体架构，具体包括协同策略检查（CoRCC）、协同路由监测（CoRVM）以及协同路由防御（CoRSD）等基于协同机制的路由管理方法。域间路由协同管理系统 ISPCoware 是 ISPCMF 的实例化系统，提供路由策略冲突检查、路由协同监测以及自治系统路由信誉评估等功能。以上工作的结合能够为在互联网域间路由系统环境下实现 ISP 协同管理提供一个比较系统和全面的研究范例，具有良好的理论价值和应用前景。

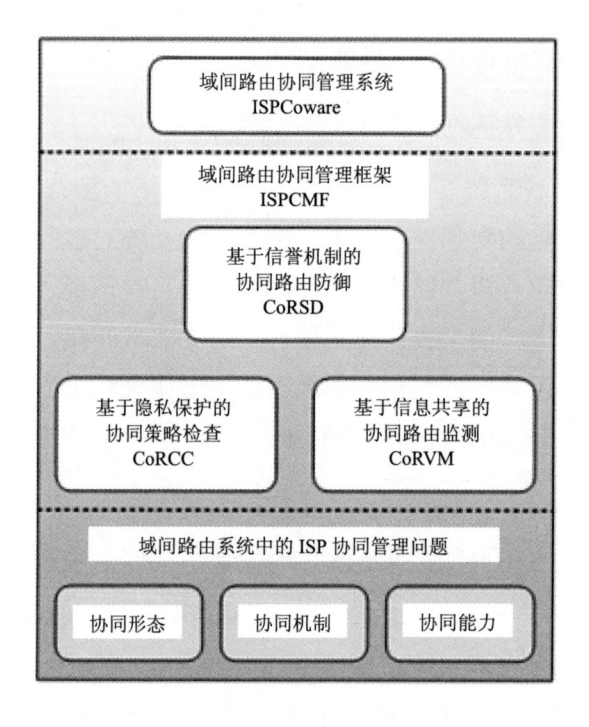

图 1.7　本书研究工作相互关系示意图

1.3.2　研究方法

本书旨在研究域间路由协同管理中的基础性问题，主要研究思路概括如下。

- 针对域间路由系统的自然特性，分析众多问题之间的相互关系，提炼基础性的、必须解决的关键科学问题，确定研究内容和技术路线，寻求具有广泛性和一般性的解决方案。
- 依据互联网资源的自然特性，针对科学问题，在现有研究方法的基础上，借鉴系统科学、认知科学、社会学和经济学等学科的成果，着重突破多自治系统协同的核心机理。
- 结合具体的工程研究项目，以建立实际系统为重要研究手段，开展多自治系统协同机制的实验验证。

遵循上述研究思路，本书针对域间路由系统的自然特性和实际需求，设计相应的协同管理机制，通过消除自治系统之间的协同障碍来实现群体协同关系的自主演化，进而以此为基础形成多自治系统协同管理能力，促进域间路由系统的健康发展。

1.3.3 主要贡献

本书的主要贡献有如下几个方面。

第一，针对域间路由管理缺乏协同的现状，提出一种面向 ISP 的协同管理框架——ISPCMF。ISPCMF 以隐私保护、信息共享和信誉评价等协同机制为基础，为 ISP 提供协同策略检查、协同路由防御和协同路由监测等能力，通过完善支撑机制来促进 ISP 的自组织协同。ISPCMF 强调方案的渐进部署性与可实施性，构建在应用层的 P2P 网络上，不需要修改路由协议，具有良好的可扩展性与较低的计算和通信开销。

第二，针对域间路由配置中的策略冲突问题以及 ISP 的隐私保护需求，提出了一种不泄露 ISP 路由策略的协同策略检查方法——CoRCC。首先，将路由策略冲突检查转化为路由决策结果比较，证明了转化的正确性；其次，基于离散对数假设和可交换加密函数设计了路由决策结果安全比较协议，并从理论上证明了协议的安全性；最后，给出了使用 CoRCC 方法检查路由策略冲突的具体步骤，通过实验验证了该方法的有效性。与现有解决

方案相比，CoRCC 方法具有以下四个优势：①能够在不暴露 ISP 路由策略的前提下实现策略冲突检查；②不需要引入第三方，避免了合谋攻击；③加/解密次数和通信开销分别减少 30%和 50%；④具有良好的通用性，可用于策略冲突检查、路由有效性验证、路由策略协商等多种域间路由管理应用。

第三，针对域间路由监测中单自治系统监测能力不足的问题，提出了一种基于信息共享的协同路由监测方法——CoRVM。首先，利用路由监测信息的局部性和相关性设计了一种信息共享机制，在该机制的作用下，ISP 能通过局部决策实现路由监测信息的按需共享，从而提高自治系统的路由监测能力；其次，基于该机制给出了路由可信验证和虚假路由通知的具体办法；最后，通过实验验证和评估了信息共享机制的有效性。与现有解决方案相比，CoRVM 方法具有以下四个优势：①具有良好的自组织性，自治系统之间的协同不需要统一的调度管理中心；②具有良好的可扩展性，随着监测节点数量的增加，路由监测信息的有效覆盖率呈指数增长，无效通信开销呈指数减少；③具有激励性，自治系统对外共享的有效信息越多，自身收益越大；④适用于协同路由监测、协同入侵检测、抵御 DDos 攻击等多种协同管理应用。

第四，针对域间路由安全中的虚假路由问题，提出了一种基于信誉机制的协同路由防御方法——CoRSD。首先，利用 ISP 的商业关系约束，设计了自治系统路由信誉计算模型，该模型根据自治系统已宣告路由的真实性统计结果，采用后验概率分析方法计算其路由信誉；其次，结合域间路由系统拓扑结构的幂律特性，提出了基于信誉联盟的组信誉管理机制；最后，针对路由前缀劫持和路径伪造两类典型路由攻击行为给出了基于信誉机制的协同路由防御方法。与现有解决方案相比，CoRSD 方法具有以下三个优势：①通过 ISP 的局部协同实现路由系统的整体安全防御，具备渐进部署能力，可实施性更强；②具有惩罚性，可以有效抑制虚假路由的传播范围并迅速隔离连续实施路由欺骗行为的自治系统；③信誉计算规模和管理开销更低，非盟主节点的存储和通信开销比全分布式管理模型降低 65%和 69%。

第五，设计并实现了 ISPCMF 的原型系统——ISPCoware，对本书提出的协同管理方法进行了实现和验证，并从逻辑功能视图、模块开发视图、系统部署视图等多个角度对 ISPCoware 的实现技术进行讨论。ISPCoware 可以作为域间路由管理的辅助工具，也可以作为开放式平台构筑一体化的域间路由协同管理环境。

本书研究成果对促进 ISP 协同和互联网的健康演化具有良好的理论价值和实践意义，对构建更为完善的 ISP 协同管理环境提供了重要支持。本书所做工作已在有关的预研课题和实际工程项目中得到了应用，效果良好。

1.4 本书结构

全书共分 8 章，各章的内容简介如下所述。

第 1 章，绪论。本章首先介绍全书工作的研究背景；其次归纳和分析域间路由系统的管理现状；最后对研究内容、研究方法以及主要贡献等内容进行说明和总结。

第 2 章，相关研究。本章对相关的代表性成果进行综述，主要包括两个方面：域间路由管理的典型问题与解决方案、协同机理与应用研究。前者包括策略冲突检查、路由协同监测、路由可信验证和域间路由安全等内容，后者包括协同理念、协同应用和协同机制等内容。

第 3 章，域间路由协同管理框架。本章对阻碍 ISP 协同的科学问题进行归纳和分析，并以此为基础提出一种面向 ISP 协同的域间路由管理框架，对管理框架的系统结构、核心要素、设计原则和应用方法进行了具体描述。

第 4 章，基于隐私保护的协同策略检查方法。本章针对自治系统路由策略冲突问题，提出了一种不泄漏路由策略的冲突检查方法，详细描述了方法的核心思想，证明了方法的正确性，最后对方法的有效性进行了模拟评估。

第 5 章，基于信息共享的协同路由监测方法。本章针对域间路由监测

中单自治系统监测能力不足的问题，提出了一种基于信息共享的协同路由监测方法，对方法的核心思想进行了详细阐述，对方法的有效性进行了理论分析和模拟验证。

第 6 章，基于信誉机制的协同路由防御方法。本章针对域间路由防御中的虚假路由问题，提出了一种基于信誉机制的协同路由防御方法，详细阐述了方法的核心思想，设计了信誉计算模型和管理模型，通过实验验证和评估了方法的有效性和应用效果。

第 7 章，域间路由协同管理系统。本章介绍原型系统的实现方案并展示主要功能。

第 8 章，结论与展望。本章对全书进行总结并展望后续的研究工作。

本书的研究内容与组织结构如图 1.8 所示。

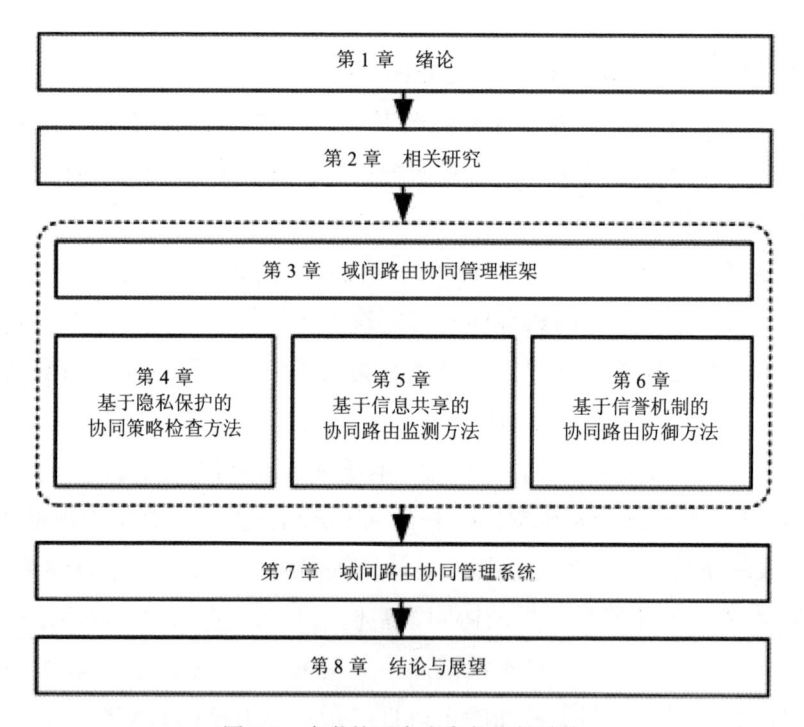

图 1.8 本书的研究内容与组织结构

第 2 章

相关研究

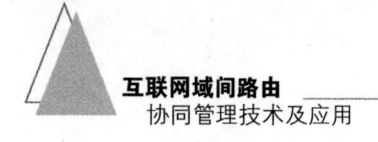

本章对相关的代表性成果进行综述，内容组织如下：2.1 典型问题与解决方案，2.2 协同机理与应用研究，2.3 小结。2.2 节站在问题域的角度，对策略冲突检查、路由协同监测、路由可信验证和域间路由安全等环节中存在的问题进行回顾和剖析，重点介绍相关成果的主要思想和优缺点，并在此基础上进一步分析 ISP 协同的可行性和必要性。2.3 节站在方法学的角度，通过阐述协同理念、应用和机制等方面的内容来介绍本书工作的技术路线和研究思路。

2.1　典型问题与解决方案

2.1.1　策略冲突检查

BGP 是策略型路由协议，域间路由系统的稳定和性能在很大程度上与 BGP 策略密切相关，策略配置不当是造成路由震荡甚至网络瘫痪的根本原因之一[21]。策略冲突是指自治系统之间的路由策略配置彼此矛盾，阻碍了路由收敛或优化。例如，K.Varadhan 等人的研究表明，BGP 路由的持续震荡是由于自治系统路由策略存在冲突并且相互作用导致的[30]。图 2.1 是一个因为策略冲突引起路由持续震荡的实例，图中的节点代表自治系统，数字代表自治系统编号，每个节点旁边是该节点去往 AS0 的可用 BGP 路由的 AS_PATH，路由优选顺序从上至下。若自治系统 1～4 按照图中标记的顺序选择去往 0 的路由，则会引起路由的持续震荡。现有研究在解决路由策略冲突问题时，主要使用三类方法：通过检查路由策略发现和消除策略冲突，通过建立全局协调机制避免策略冲突，通过自治系统相互协商避免策略冲突和实现路由优化。

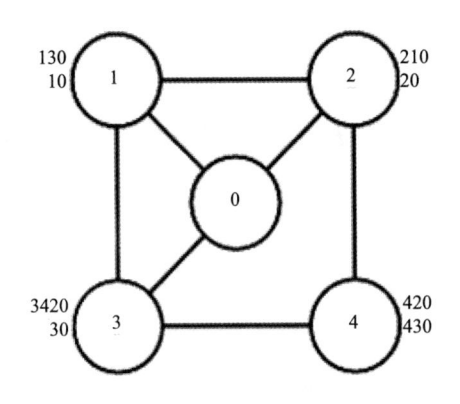

图 2.1 策略冲突引起路由持续震荡示意图

（1）通过路由策略检查发现和消除策略冲突

现有关于路由策略冲突检查的研究大多基于 T.Griffin 提出的有向竞争环理论。由于 T.Griffin 证明了静态分析 BGP 震荡问题的时间复杂性为 NP 完全问题，因此，现有研究成果大多是以 T.Griffin 理论为基础的动态检查方法。

- T.Griffin 方法[42]

Griffin 采用稳定路径模型 SPP（stable path problem）描述 BGP 协议的震荡行为，将策略冲突检查转化为在有向图中检测竞争环是否存在的问题，并利用图论知识从理论上证明了保证 BGP 路由收敛的充分条件是不存在有向竞争环。

Griffin 先构造有向竞争图 $G(V, E)$，节点集 V 是各自治系统 BGP 路由表中去往目标自治系统 d 的所有路由表项（包括最优和非最优），边集 E 包括以下两个方面。

➢ 传播边（transmission arc）。如果节点 P 的 AS_PATH 是其所属自治系统的 AS 编号加上节点 Q，则存在一条从 Q 指向 P 的有向边，即传播边。

➢ 竞争边（dispute arc）。令 u、v 代表两个相邻的自治系统，P、Q 分别是 u、v 的路由路径，并且 P 中含有 v，如果从 v 开始 P 和 Q 存在分歧（即

P、Q 去往同一目的地的路径不一致），则存在一条从节点 Q 指向节点 P 的有向边，即竞争边。

图 2.2（a）给出了 Q 到 P 的竞争边示例，每个节点下方的方框中是该节点去往目标 d 的可用路由，优选顺序从上至下。

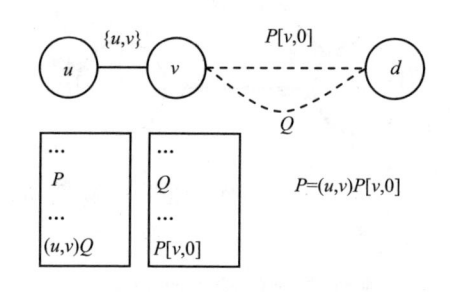

（a）有向竞争图中的竞争边示例

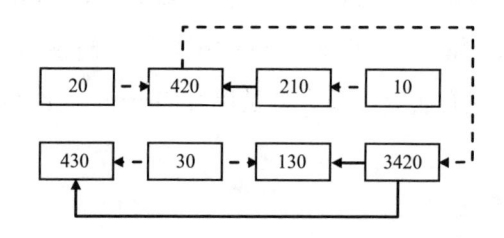

（b）有向竞争图中的竞争环示例

图 2.2 路由策略冲突检测协议 SPVP 原理示意图

Griffin 设计了在有向竞争图中检测是否存在竞争环的 SPVP 协议。SPVP 协议记录 BGP 路由在传播过程中的路径变化事件。路径变化事件定义为 $E = (sP)$，其中 $s \in \{+,-\}$，是 E 的符号，P 是可用路径。SPVP 协议记录的路径变化历史 h 要么为空，要么是一个路径变化事件序列 $h = E_k E_{k-1} \cdots E_1$，其中 E_k 是最近一次发生的路径变化事件，E_1 是最早发生的路径变化事件。若 h 非空且存在 $i, j \in [1, k]$，其中 $E_i = (s_1, P)$，$E_j = (s_2, P)$，则称 h 含有环路。根据 SPVP 协议，图 2.1 中的节点 1 在发生路由震荡时，其路径变化历史为 $h = (-130) (+3420) (+420) (-210) (+130)$，在这里路径 130 出现了两次且符号不同，说明存在策略冲突。在图 2.2（b）中，节点(130)、(210)、(420)和(3420)之间存在一条竞争环路。

Griffin 的结论具有重要的理论意义，但是基于 SPVP 协议的策略冲突检查方法存在一定的局限性，因为该方法记录的路径变化历史会泄露自治系统的路由选择策略，这一要求难以被运营商接受。文献[43-45]在 Griffin 理论的基础上对路由策略冲突检查方法进行了研究，但同样忽略了检查过程中的信息泄露问题。

文献[46]基于路由网络代数 RNA（routing network algebra）理论提出了一种路由震荡检测方法，通过建立路由网络代数模型，把路由分析转化为代数演算，并且证明了路由震荡的充分必要条件是网络元素线性相关，最后在此基础上，提出了 $O(H*L+N^2)$ 时间级的路由震荡检测算法。该方法通过监视 BGP 路由表的变化来检测是否发生路由震荡，不能检查自治系统之间是否存在策略冲突。

- T.E.Chen 方法[47]

T.E. Chen 等人在 Griffin 理论的基础上给出一种更为实用的竞争轮检测方法（为了便于描述，本书称之为 T.E. Chen 方法）。他们认为 Griffin 方法的不足之处在于 SPVP 协议记录路径变化事件会泄露自治系统的路由策略，为此，提出一种通过观察 BGP 路由优先级的变化来推断是否存在竞争轮的方法。

T.E.Chen 方法对 BGP 协议进行扩展，让每条 BGP 路由宣告消息都携带一个非负整数，用于表示该路由的选择优先级，称之为全局优先级（global precedence）。全局优先级随路由信息一起传播，优先级的高低与绝对值的大小成反比。当 BGP 路由经过自治系统时，自治系统首先根据该路由在本地路由表中的排序为其计算局部优先级（local precedence），其次与该路由携带的全局优先级进行求和运算，最后用计算结果取代原有的全局优先级。图 2.3 给出了该方法的处理过程示意图。

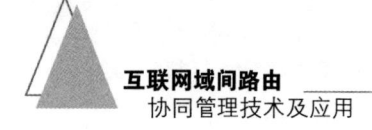

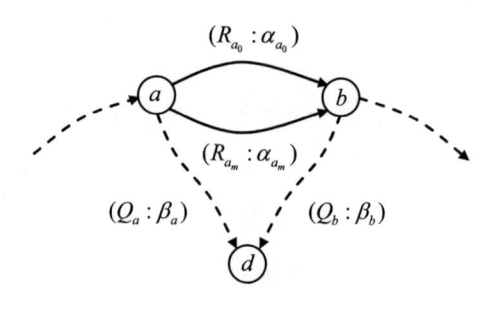

(a) BGP 路由宣告示意

Route	Global Precedence	Local Precedence
$\alpha_{a_0} a Q_a d$	$\alpha_{a_0} + \beta_a$	0
$\alpha_{a_1} a Q_a d$	$\alpha_{a_1} + \beta_a$	1
⋮	⋮	⋮
$\alpha_{a_m} a Q_a d$	$\alpha_{a_m} + \beta_a$	m
$Q_b d$	β_b	m+1

(b) 路由优先级计算

图 2.3　路由优先级计算示意图

在图 2.3（a）中，节点 a 和 b 表示两个建立了 BGP 邻居关系的自治系统，在 b 的本地 BGP 路由表中有多条去往目标 d 的路由，分别为 R_{a_0}，…，R_{a_m} 和 Q_b。R_{a_0} … R_{a_m} 需经过 a，而 Q_b 不需要经过 a。b 的路由选择顺序为 R_{a_0} > … > R_{a_m} > Q_b，（$Q_b : \beta_b$）中的 β_b 表示路由 Q_b 的本地排序序号。图 2.3（b）给出了所有路由的全局优先级计算结果，其中路由 R_{a_0} 的优先级最高，成为 b 缺省去往 d 的 BGP 路由。T.E. Chen 从理论上证明了如下结论：当某自治系统对外宣告一条全局优先级为 0 的 BGP 路由时，如果该路由在收敛过程中其全局优先值出现大于 0 的情况，则存在竞争环。图 2.4 给出了 T.E.Chen 方法的运行示意图。

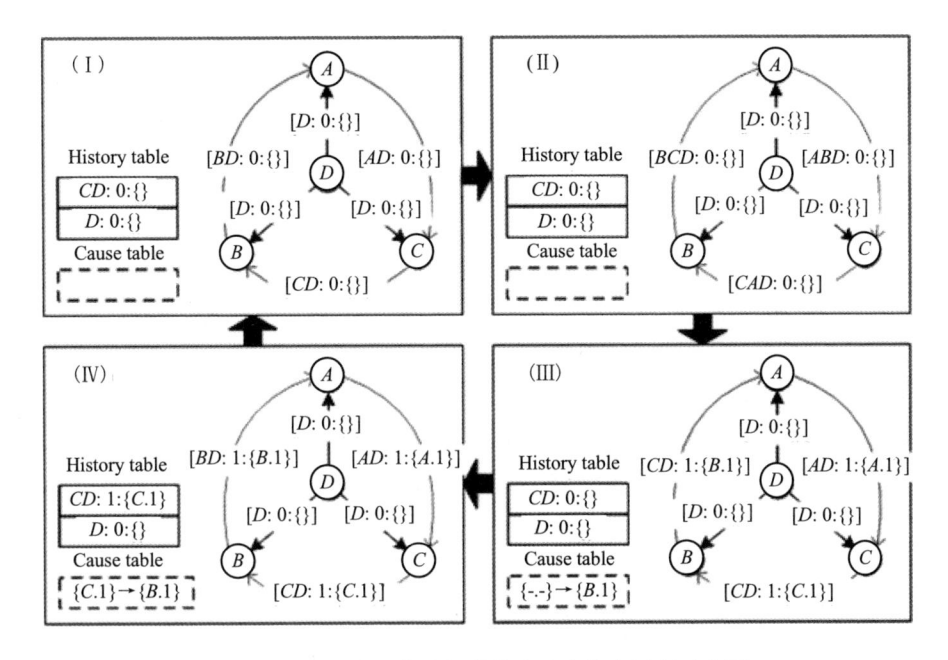

图 2.4　基于路由优先级的策略冲突检查过程示意图

与 Griffin 方法相比，T.E.Chen 方法不需要自治系统公开路由策略，除自治系统的路由选择结果以外不会泄露更多的策略信息，更容易被运营商接受。然而，该方法仅适用于竞争环检测，难以检测其他类型的策略冲突，例如，文献[48]在分析 IRR 发布的 ISP 路由策略时发现，很多 ISP 提供的路由输入和路由输出策略之间存在不一致，对于这类冲突的检测，T.E.Chen 方法无能为力；另外，对 BGP 协议进行扩充和修改也增加了该方法的实施难度。

● 基于安全多方计算理论的方法

S.Machiraju 等人基于安全多方计算理论[49]使用加同态公钥密码算法对 Griffin 方法进行了改进，提出一种不会泄露路由策略的冲突检查方法[50]。加同态公钥密码算法的工作原理如下：对于两个代数结构 A 和 B，令 $\circ$ 是 A 中的运算，$*$ 是 B 中的运算，对于 A 中任意元素 x 和 y，如果存在映射 $f: A \rightarrow B$，使得 $f(x \circ y) = f(x)*f(y)$，则映射 f 是 A 到 B 的同态映射。对于给定的公钥

加密算法 $E(x)$，如果已知 $E(x)$ 和 $E(y)$，能够在没有私钥的情况下得到 $E(x \circ y)$，则称该公钥加密算法具有同态性质。例如，RSA[51]算法具有乘同态性质，Bresson[52]和 Paillier[53]算法具有加同态性质。

S.Machiraju 提出的方法首先使用 Paillier 算法加密自治系统的路由选择结果；其次比较双方结果，如果不一致则认为存在策略冲突，在比较时，利用公钥密码算法的加同态性质防止信息泄露。图 2.5 是基于加同态公钥密码算法的策略冲突检查过程示意图。A 使用第三方 T 的公钥 S_{key_t} 和加同态公钥密码算法 E 加密自己的路由选择结果 R_A，得到 R_A^*；B 使用同样方法计算 $(-R_B)^*$ 并将 $(-R_B)^*$ 发送给 A；A 得到 $(-R_B)^*$ 后计算 $R_A^* + (-R_B)^*$，并将计算结果 S^* 发送给 T；由于 E 具备加同态性质，即 $E[R_A + (-R_B)] = E(R_A) + E(-R_B)$，因此 T 使用自己的私钥 D_{key_t} 解密 S^*，就得到 $R_A - R_B$，并将结果返回给 A 和 B，若为 0 则表示两者相等。在整个过程中，由于 A 和 B 无法得到 T 的解密密钥，因此无法解密对方的输入，而第三方 T 只能得到 $M_A - M_B$，无法推算出 M_A 和 M_B，因此被称为茫然第三方。

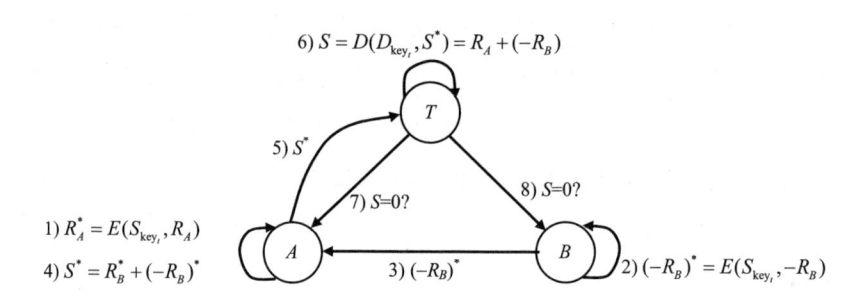

图 2.5　基于加同态公钥密码算法的策略冲突检查过程示意图

基于加同态公钥密码算法的策略冲突检查方法与 Griffin 方法的最大差别是：在比较过程中不需要公开自治系统的路由决策结果，就能够判别相邻自治系统之间的路由决策结果是否一致。基于多方安全计算理论构造 ISP 策略冲突和错误检查算法能够有效防止 ISP 策略泄漏，具有良好的通用性，但是基于加同态公钥算法的解决方案在计算和通信开销上不够理想，例如，当双方参与比较的集合元素个数较多时，任意两个元素进行比较时，都需要重新进行求和运算和解密运算，同时还会增加与茫然第三方的通信次数。另外，由于引入了茫然第三方，在实际部署时，存在合谋攻击的可能性。

文献[54]利用多方安全计算理论中的 VSS 协议构造随机 t 次多项式，以判断相邻自治系统路由选择的结果是否一致，该方法的基本思想与加同态公钥密码算法一致，在此不再赘述。

（2）通过建立全局协调机制避免策略冲突

由于域间路由系统的拓扑结构非常复杂，并且在不断变化，因此单个自治系统往往难以掌握全局路由视图，即所谓的信息局部性。为此，有学者提出通过建立全局协调机制来避免策略冲突，路由注册是这一思想的典型代表。

- routing arbiter[38]

为了避免路由策略冲突，受美国自然基金支持的路由仲裁项目 RA（routing arbiter）提出了 ISP 路由策略注册机制，要求各 ISP 向中心服务器注册自己的路由策略，以供其他 ISP 在配置和调试路由策略时参考。路由仲裁项目的主要成果包括路由策略描述语言 RPSL（routing policy specification language）[55]、可靠路由策略注册协议 RRMP（reliable registry multicast protocol）[56]、路由注册中心 RRS（routing registry server）[57]以及一组路由策略分析工具 RAToolSet[58]。

- IRR[35]

路由仲裁项目的思想和技术成果得到了广泛的认同并发展成为现有的互联网路由注册中心 IRR（internet routing registry）。自治系统使用 RPSL 语言描述自己的路由策略，并向 IRR 注册。IRR 的数据库称为 RADB，在全球有 32 个镜像注册节点。这些节点组成了全球性的路由策略数据库，其中有些注册点提供区域性的策略注册服务。例如，欧洲地区的 RIPE 和亚太地区的 APNIC，还有一些注册点仅仅向自己的客户提供策略注册服务，如 CW 和 LEVEL3。

虽然 IRR 能够为自治系统避免策略冲突和路由故障诊断提供参考信息，

但是由于商业因素的影响并没有充分发挥效果，主要原因有两个：第一，在大量的路由策略中提取有效信息非常困难；第二，自治系统为了保护自己的商业秘密和系统安全，向 IRR 注册的路由策略往往与实际使用的路由策略存在差异。G.Sigano 等人的研究结果表明：仅有 28%的自治系统实际采用的路由策略与向 IRR 注册的路由策略完全一致[37]；另外，即使 IRR 中的数据是完整的和最新的，Griffin 和 Wilfong 也已经在理论上证明了静态分析 BGP 的全局收敛问题是一个 NP 完全问题。

（3）通过自治系统相互协商避免策略冲突和实现路由优化

由于域间路由系统的自治特性，全局协调机制在实施过程中存在一定的局限性，为此，很多学者提出通过自治系统局部协调和协商来避免策略冲突。

● 自治系统隐式协同

隐式协同是指自治系统在配置路由策略时，通过遵守共同的约定规则来避免策略冲突。例如，高立新教授在文献[59]中利用 Griffin 的结论从理论上证明了，如果自治系统之间存在严格的商业层次关系并且严格遵循指定的配置原则，如无谷底、无梯形、客户路径优先等，则路由震荡是可以避免的；MIT 的 N.Feamster 指出，如果所有自治系统都严格按照路由的 AS_PATH 长度分配路由优先等级，是可以保证路由收敛的[60]；文献[61]基于代数方法研究了路由协议收敛的必要条件，对保证路由收敛的配置原则进行抽象并得到检查 iBGP 配置是否正确的充分条件。然而，由于各种复杂的商业合同约束、合同违约行为及配置错误，很难保证所有的自治系统能够共同遵守相同的路由配置原则[62, 63]。

● 自治系统动态调整

文献[64]提出了一种动态调整路由策略的方法，以避免路由震荡，其主要思想是：记录本地 BGP 路由的历史选优变化情况，对于同一条路由，如果路由频繁在被选中和落选状态之间切换，则主动降低路由优先级（ranking）；对于长期被选中的路由则升高其优先级，其模拟实验结果表明，这种机制比 Griffin 方法的性能更高，开销更低。与此类似思想的研究还有文献[65]。

- 自治系统协商

R.Mahajan 等人针对如图 2.6 所示的问题，提出一种基于自治系统协商的路由优化方法[66]。在图 2.6 中，自治系统 A 和 B 之间存在三条链路 1、2 和 3，x 和 y 分别是位于 A 和 B 中的路由器，其中 x 距离 A 的 3 号出口最近，y 距离 B 的 1 号出口最近，但是 x 与 y 之间通过链路 2 转发流量总延迟最短。在这种情况下，A 和 B 双方无论采用图 2.6（a）热土豆路由还是图 2.6（b）冷土豆路由，都无法得到 x 和 y 之间的最佳路由。因此，R.Mahajan 等人提出一种通过自治系统协商的方法来得到最佳路由，其主要思想是：首先，每个自治系统根据各自路由优化目标评估每条链路，并将评估结果映射到统一整数区间[–P, P]，P 的取值预先设定，评估值与链路的选择优先级成正比；其次，自治系统交换评估结果，如果计算结果存在冲突，则相互调整各自的链路选择方案，重新计算评估值并再次交换结果，直至最终得到双方满意的结果。

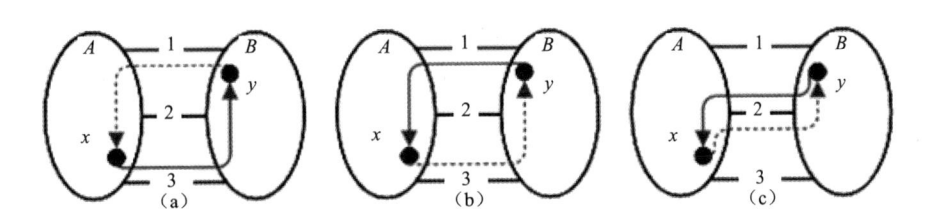

图 2.6 基于 ISP 协商的路由优化过程示意图

R.Mahajan 的方法原理简单、易于实现，ISP 之间通过交换信息来彼此受益，不足之处在于该方法需要建立在 ISP 关系友好的基础上，并且当双方评估标准不一致时，协商过程可能无法收敛。考虑到 ISP 之间的激烈竞争关系，文献[67]基于博弈论中的 Nash 均衡过程来实现 ISP 之间的路由优化协商，更具实用性。

从上述研究可以发现，ISP 路由策略无法公开是导致策略冲突的关键。

无论是策略冲突检查，还是路由策略优化，路由策略访问都是解决问题的重要环节。虽然高立新等人提出了一种利用 BGP 路由推测 ISP 商业关系的方法，并以此为依据进行冲突避免和路由优化[68]，但是这种猜测方法并没有为路由策略的访问提供技术手段。现有路由策略检查工具大多只能检查单自治系统的策略配置，如 Cisco 的 NCAT[69]、IRR 的 RAToolSet 和 MIT 的 RCC，这些工具都不支持跨自治系统的策略冲突检查。

2.1.2 路由协同监测

路由协同监测是路由诊断与维护的主要手段，其目的是通过独立的 BGP 路由监测体系来发现和公开自治系统的不良路由行为[70, 71]。由于路由协同监测往往需要多个自治系统的合作，因此路由协同监测是一类重要的 ISP 协同管理行为。目前路由协同监测的相关工作主要包括三部分内容：全局信息资源管理机构、路由监测服务及路由监测方法。

（1）全局信息资源管理机构

互联网的管理机构为路由协同监测提供了重要的参考数据，这些管理机构建立集中的数据库系统，对外发布自治系统编号、自治系统使用单位、地址前缀分配和授权情况等信息，供自治系统进行路由诊断时使用。这些机构主要包括 IANA、RIR、IRR 等，其中，IANA（internet assigned numbers authority）负责管理互联网的地址和自治系统编号（AS 号）的分配，IANA 进一步将互联网地址和自治系统编号下发给 RIR（regional internet registries）管理，而 RIR 又将 IP 地址资源分配给国家级的 ISP。目前已建立的 RIR 主要包括 ARIN、RIPE、APNIC 及 LACNIC，IRR 则负责登记 ISP 的路由策略。另外，RIPE 的 RIS、Oregon 大学的 RouteViews[36]通过建立全球性质的 BGP 路由采集点来实现路由监测，NANOG、NPSEC 和 IETF 也都建立了专门的网站，用于发布路由监测信息[72-74]。

（2）路由监测服务

路由监测服务为 ISP 网络维护人员进行路由故障分析时，提供路由信息查询服务，现有路由监测服务主要包括 Looking Glass、MyASN、GRADUS 等。

- 窥镜服务（looking glass）[75]

窥镜服务（looking glass）是 ISP 为网络管理员提供的一种网络监测服务。ISP 通过建立公共的窥镜服务器让网络管理员访问自治系统的边界网关和 BGP 路由表，为其诊断各种网络故障问题提供帮助。

- MyASN[76]

MyASN 路由监测系统由 RIPE 开发，可为所有网络运营商提供 BGP 路由监测服务。MyASN 的主要工作原理如下：自治系统向 MyASN 服务器注册自己关注的前缀与源自治系统的映射信息；MyASN 系统采集和监视 BGP 路由表，并从中搜索与用户注册记录不一致的路由，如果发现用户注册的地址前缀被其他自治系统使用则产生地址起源变更事件，并将事件信息集中存储在服务器上。MyASN 在监测到事件后并不分析事件原因，也不主动通知用户，而是由用户登录 MyASN 服务器自行诊断。

- GRADUS[77]

GRADUS 是由 Renesys 公司提供的商业"路由情报"服务。Renesys 公司在多个自治系统中部署 BGP 路由采集器，负责搜集 BGP 更新报文并提交服务器保存，然后对其进行分析。GRADUS 服务把其使用的异常检测方法称为"策略审核"，在检测异常时，首先，要求各申请 GRADUS 服务的 ISP 登记各自的路由策略，如拥有的地址前缀、自治系统号、BGP 邻居等；其次，由后台分析程序利用 ISP 提供的路由策略，在路由数据库中寻找违背路由策略的路由；最后，把异常结果报告给客户。

- PHAS[78]

美国 UCLA 大学张丽霞教授主持开发的前缀劫持警报系统 PHAS（prefix hijack alert system）与 RIPE 的 MyASN 相似，也是要求用户在 PHAS 服务器上注册自己感兴趣的地址前缀。PHAS 通过 RouteViews 等公共 BGP 数据源对 BGP 路由进行监测，一旦发现地址前缀冲突则通知最初注册该地

址前缀的自治系统。PHAS 提供了前缀冲突事件的告警功能，在发现地址前缀冲突时，并不对其具体分析，而是简单地通知注册自治系统，另外也不通知其他可能受到欺骗的自治系统。PHAS 系统结构与监测信息共享方式示意图如图 2.7 所示。

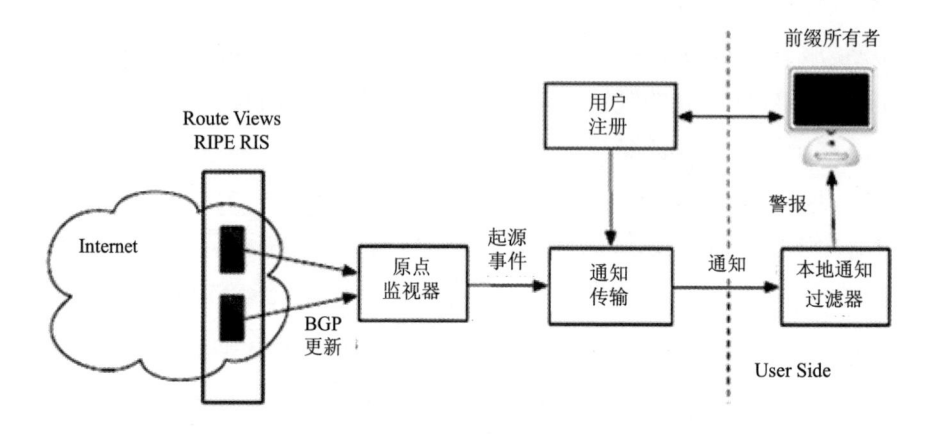

图 2.7　PHAS 系统结构与监测信息共享方式示意图

（3）路由监测方法

BGP 路由监测方法是学术界重点关注的问题，其研究重点在于借助各种信息资源来克服信息局部性，进而帮助自治系统判断 BGP 路由的真实性和有效性。

● 基于全局信息的路由监测方法

借助全局信息资源来监测路由前缀劫持行为是路由监测方法的代表性研究方向。文献[79]通过 RouteView 提供的 BGP 路由监测数据对前缀冲突问题（MOAS）进行了较为详细的分类。文献[20]利用 RIR 和 IRR 的注册数据来监测非法地址前缀宣告行为，当收到新的 BGP 路由宣告消息时，通过搜索 RIR 和 IRR 的信息库来确认该路由是否真实，如果在 RIR 或者 IRR 数据库中能够找到相应的注册记录，则表明该地址前缀的宣告是真实有效的，否则视为可疑或者虚假。文献[80]利用 RIR 和 Whois 数据库以及 BGP 的 Update 消息分别构造两张网络拓扑图，然后通过比较两者之间的差异来检测虚假 BGP 路由。借助全局信息资源来实施路由监测的优点在于方法简单易行，但其不足之处是容易受到全局信息资源质量的影响，当全局信息不够完整或者不够及时准确时，路由监测效果难以令人满意，例如，文献[37]的实验结果表明，RIPE 的地址前缀确认率可以达到 73%，而 APNIC 的地址前缀确认率仅为 40%。

- 基于网络拓扑特征的路由监测方法

由于借助全局信息资源进行路由监测容易受信息质量的影响，近年来网络拓扑信息被引入路由监测中。文献[81]利用地址前缀与自治系统的对应关系以及自治系统网络之间的距离相对稳定这一事实[82]，给出一种基于信息共享的地址前缀劫持监测方法，首先利用 BGP 路由测量源地址与目标前缀的距离；其次选择距离地址前缀最近且自身地址又不包含在地址前缀中的参考监测点，通过比较双方的 BGP 路径来确认是否确实发生了地址前缀劫持。该方法通过监测点之间主动共享信息来判断路由变化的合理性，与单纯基于全局信息的监测方法相比，具有更高的检测准确性。文献[83]通过观察 BGP 路由的稳定存在时间来判断其真实性，并且从历史路由中提取目标自治系统的路由宣告行为特征，以此作为判断其后续宣告路由是否真实的依据。

- Co-Monitor[84]

Co-Monitor 方法是一种基于多自治系统协同的路由监测方法。其主要思想是：把每个自治系统对本地 BGP 路由的前缀监测能力视为一种资源并激励自治系统对外贡献这种资源，从而帮助网络管理员在更广范围内发现自身前缀的劫持问题。

从上述研究可以发现，现有路由监测技术对路由监测信息的获取和发布机制缺乏深入的研究。全局信息资源管理机构难以保证数据的及时性和完整性，商用监测服务系统大多采用监测信息分布式收集、集中式存储和访问的方式，这种方式一方面容易造成服务访问瓶颈，一方面增加了使用者的信息搜索负担。另外，现有路由监测系统在发现前缀劫持时，大多只通知前缀合法拥有者，甚至仅仅保存在数据库中，供用户查询。这种信息

的发布方式没有最大限度发挥路由监测的作用，难以抑制虚假路由的传播。

2.1.3 路由可信验证

标准 BGP 协议未提供路由真实性验证机制，单个自治系统受到信息局部性和 BGP 信息隐藏机制的影响往往无法判别路由信息的真实性，这使得地址前缀劫持和虚假路径欺骗[85]等问题难以避免。路由验证技术是指自治系统在收到新的 BGP 路由时，借助全局或者局部知识对路由有效性进行判定的技术。

- ENCORE[39]

ENCORE（ensemble of cooperative reflector agents）是一套基于多 Agent 的域间路由协同诊断系统，由部署在每个自治系统的路由监测代理组成。路由监测代理负责搜集各种引起 BGP 路由变化的网络事件和原因，当某路由监测代理需要验证 BGP 路由的真实性时，通过代理之间相互询问来获取路由变化原因，从而判定新的 BGP 路由是否真实。ENCORE 是较早提出自治系统协同诊断路由思想的，但由于路由监测代理需要统一调度，在实用性和安全性上存在一定的不足。

- IRV[86]

IRV 是由 G.Goodell 等人提出的路由协同验证方法,其工作原理如图 2.8 所示。IRV 在每个自治系统设立服务器，服务器一方面负责搜集本自治系统内的 BGP 路由并对其进行有效性检查；另一方面为其他自治系统提供路由验证查询服务，所有 IRV 服务器构成一个分布式查询系统。如果下游自治系统收到新的 BGP 路由,则向 BGP 路由 AS_PATH 属性中包含的上游自治系统发送 IRV 查询请求，以确认其收到的路由是否真实有效。IRV 机制的特点在于通过自治系统相互询问的方式来实现监测信息和路由知识的共享，该方法不需要修改 BGP 协议，具备渐进部署能力。但是，IRV 在确定查询对象时，仅仅依赖全局注册数据库，并且在查询过程中没有考虑到自治系统对隐私信息的保护需求，在路由验证时，可能会引起多次无效查询。

此外，IRV 没有考虑自治系统提供路由验证查询服务的积极性问题。

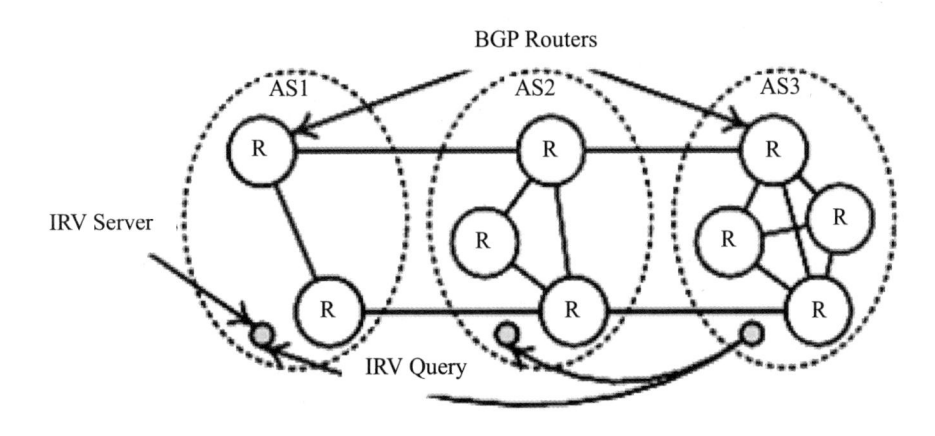

图 2.8　IRV 工作原理示意图

- DRAQ[87]

DRAQ 是一种路由诊断协议。根据分析 BGP 路由变更原因来验证路由的真实性，该协议综合了多种监测信息共享模型。首先，自治系统在对外发布 BGP 路由更新报文时，需要携带路由变更的原因，这是一种主动的信息推送方式；其次，自治系统需要借助全局网络拓扑信息，以推测当前路由是否真实；最后，自治系统通过主动询问和投票方式来决定当前收到的路由是否真实。DRAQ 工作原理示意图如图 2.9 所示。

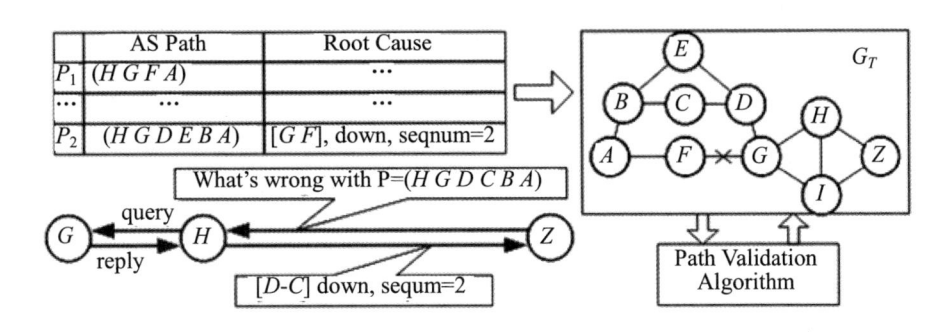

图 2.9　DRAQ 工作原理示意图

当节点 Z 发现去往 A 的 BGP 路由从[HGFA]变为[HGDEBA]时，会向 H

询问原因，而 H 又会进一步询问 G，G 返回后说明路由变更的原因是 G 和 F 之间的链路断开。DRAQ 对路由变更原因的分析以及虚假路由的判定具有较高的准确性，不足之处是 DRAQ 在选择询问对象时单纯依赖网络拓扑结构图，没有动态学习能力。另外，DRAQ 需要修改 BGP 协议。

● Enhanced BGP ITrace[88]

I.Ray 等人基于 ICMP 协议提出一种 BGP 路由追踪协议，通过该协议能够发现前缀劫持和路径伪造行为。其主要思想是：在每个自治系统部署路由追踪服务器，位于源自治系统的追踪服务器以泛洪方式向目标前缀发送 ICMP 路由追踪报文（irace message），在传输过程中，经过的追踪服务器在追踪报文中记录报文单跳传输使用的源地址、目标地址、上一跳链路以及每一跳选用路由的 AS_PATH，如果存在路径伪造或者前缀劫持，则目标前缀所在自治系统的追踪服务器必然会收到不一致的追踪报文，通过分析这种不一致就能够发现前缀劫持和路径伪造。这种方法优点是利用路由的传播路径作为引导信息，将相关自治系统组织在一起实现路由协同验证，不需要修改 BGP 协议，部署在应用管理层运行，可增量部署，缺点是泛洪式广播容易引起较大的通信开销。由于互联网的地址前缀和自治系统数量巨大，这种方法的扩展性较弱，该方法同样没有考虑自治系统在参与协同追踪的过程中的积极性问题。

● E-IRR[89]

E-IRR 是一种基于多自治系统协同的前缀注册机制，其基本思想是：借鉴互联网路由注册机制中登记路由策略的思想，定义前缀策略来刻画自治系统网络管理员使用 IP 地址空间的方式，并采用"抢占式注册"方式确保前缀策略的有效性，以构造全局可信的地址前缀所有权信息。实验表明只要 20%的自治系统使用 E-IRR，就可保护 BGP 路由系统中 80%的前缀；除了更加稳定外，利用前缀策略生成的过滤表比直接利用前缀生成的过滤表大约减少 30%的表项。

从上述研究可以发现，路由验证技术的共性思想在于通过自治系统共享信息来克服 BGP 协议信息隐藏机制为路由验证带来的不透明性。然而现有研究采用的信息共享机制都有一定的局限性，具体体现在几个方面：①在选择信息提供方时，大多以 BGP 的 AS_PATH 作为启发信息，没有充分利用信息提供方的知识；②信息共享方式大多为"拉"方式，即信息使用方向信息提供方发出查询请求，由于信息使用方没有全局信息视图，因此可能遗漏重要的诊断参考信息；③缺乏对激励机制的研究，激励机制不足是导致诸多研究成果难以实施的关键，现有研究大多没有考虑信息提供方在信息共享过程中的受益和积极性问题。

2.1.4 域间路由安全

自从文献[90]提出网络层安全问题以来，域间路由的安全问题逐渐成为 Internet 研究的热点，特别是从 2004 年开始，涌现了大量的 BGP 安全解决方案，这些解决方案的基本思想是针对 BGP 协议的安全缺陷，设计安全增强协议或机制，通过在所有自治系统上部署这些协议来提高路由系统的安全能力。现有 BGP 安全增强解决方案的根本目标在于防止虚假路由信息的产生和传播，按照其防御方式可以分为两类：主动式防御（proactive defense）和响应式防御（reactive defense）。

（1）主动式防御

主动式防御的基本思想是通过扩充 BGP 的安全防御机制来避免和识别虚假 BGP 路由，这类解决方案大多需要使用数字证书，通过在 BGP 报文中携带路由宣告者对路由信息的数字签名来保证路由信息的真实、可信和不可篡改。现有研究的典型代表包括 S-BGP、SoBGP 和 psBGP。

- S-BGP[19]

由美国 BBN 公司于 2000 年提出的 S-BGP 协议是迄今最完整、具体的 BGP 安全解决方案。S-BGP 采用公钥密码设施（public key infrastructure，PKI）来保护和验证 BGP 路由信息，使用 IPSec 协议[91]进行 BGP 报文传输，并且在 BGP 的路由更新消息（update message）中增加了用于验证地址前缀

所有权和路由完整性的数字签名属性，自治系统在对外发布路由更新消息时，需要为该消息计算数字签名，而自治系统在收到新的 BGP 路由更新消息时，则通过数字签名验证消息的真实性。S-BGP 协议能够有效地防范地址前缀劫持和路径伪造攻击。此外，由于 S-BGP 在运行时会引起较大的计算开销和存储开销，对路由器的转发性能造成影响，文献[22]在 S-BGP 协议思想的基础上进行了改进，通过采用更为高效的加密技术来提高 S-BGP 协议的性能。

- SoBGP[24]

SoBGP（secure origin BGP）协议是由美国思科公司提出的用于保护地址前缀被非法宣告的 BGP 安全增强协议。SoBGP 也采用 PKI 进行认证，主要包括三类数字证书：第一类证书用于认证每个参与会话的 SoBGP 路由器；第二类证书用于认证路由策略；第三类证书则与 S-BGP 的"地址确认"类似，体现了地址所有权与委托。在这三类证书中，第一和第三类证书与 BGP 前缀起源认证相关。后来，SoBGP 协议加入了路径认证的内容，即通过网络管理员在策略证书中定义邻居信息来构造拓扑数据库，以此来认证 BGP 路由中的 AS_PATH 信息。SoBGP 协议中所有与安全相关的信息都通过该协议中定义的 SECURITY 报文传递。与 S-BGP 协议不同的是，SoBGP 协议使用网状信任模型（web of trust）来认证自治系统公钥，使用集中式层次模型验证 IP 前缀所有权。

- psBGP[23]

T.Wan 等人在 2005 年提出了 psBGP 协议。psBGP 协议的路径验证采用与 S-BGP 协议相同的办法，但是对 BGP 路由起源认证的方法更为简单，基本思想是：每个自治系统通过邻居作为"证人"证明其宣告前缀的合法性，每个自治系统需生成一个前缀声明列表（prefix assertion list，PAL），其中记录自己与相邻自治系统发布的网络前缀；当需要认证某自治系统宣告的 BGP 路由起源信息时，只需要检查其邻居 PAL 表中是否存在相关记录。psBGP 协议采用这种网状信任模型对 IP 前缀所有权进行认证，在很大程度上减少了部署的难度,并且降低了证书的数量和管理的复杂性。但是,psBGP协议不能防范相邻自治系统之间互做"伪证",降低了psBGP协议的安全能力,并且网络管理员需要动态维护前缀声明列表,大大加重了网络运营管理的负担。

虽然上述解决方案很好地弥补了BGP协议在安全机制上的脆弱性,并且IETF也在积极推动互联网资源证书项目的实施[34, 92, 93],但时至今日,标准BGP协议依然没有被取代,导致这一尴尬局面的主要原因包括如下几点。首先,这些解决方案都需要修改BGP协议,而BGP协议的修改会对现有的投资造成巨大的影响,难以被ISP和设备生产厂家接受;其次,上述解决方案在验证和计算数字签名时会引起较大的计算和存储开销,对路由器的转发性能造成影响[94];再次,部署这类需要建设完善的PKI基础设施,增加了部署难度;最后,这些方案都不具备渐进部署能力,率先部署的ISP获得收益非常有限,因此对ISP不具备吸引力。

- pgBGP[95]

pgBGP是一种BGP协议的安全增强机制,其主要思想是:自治系统应该谨慎地选用新路由,如果某路由在最近一段时间内是稳定的,那么就认为该路由是正常的;如果某路由不稳定就把它视为可疑的,直到它稳定一段时间后才确认其为正常路由。pgBGP使用滑动窗口动态控制BGP路由的稳定期和可疑期。pgBGP机制是为数不多的基于非密码学思想的前瞻性路由防御解决方案,其研究证实了对可疑路由进行抑制能够有效提供路由系统的安全能力。

- Listen&Whisper[96]

L.Subramanian等人提出一种Listen&Whisper机制:Whisper协议在控制平面运行,负责BGP路径认证;Listen协议在数据平面运行,负责BGP路由起源认证。Listen协议监视流经BGP路由器的TCP数据流,若一个TCP的SYN报文后面紧跟着数据报文,则可认为远程主机是可达的;如果远程主机的响应速度低于阈值,则认为该路由是异常的,可能是路由黑洞或者前缀劫持。Listen&Whisper机制最吸引人的地方在于只需对BGP路由器做

很小的改动就能提供一定的安全保障，而不需要 PKI 支持并且易于部署。然而，Listen&Whisper 机制提供的安全能力有限，只能发现可疑的路由，但不能给出确定的判断。

（2）响应式防御

响应式防御的主要思想是在发现虚假路由时，对其进行有效的抑制，进而达到保护路由系统的目的。响应式防御方案大多不需要引入复杂的密码学方法，不需要修改 BGP 协议，可以渐进部署，是一种轻量级的解决方案，但是这类方案往往需要依赖路由监测系统。

● 路由过滤

利用路由器提供的过滤机制（如 Distribute-List、Prefix-List 及 Filter-List 等）来抑制虚假路由，是 ISP 常用的技术手段。网络管理员构造 BGP 过滤表的信息来源主要是 ISP 商业互联关系、IRR 数据库和 Bogon 列表[97, 98]，但是，这些全局的信息资源都存在不足且不能完全准确地验证 BGP 路由。例如：由于网络运营商的自私性，多数 IRR 中数据的及时性和准确性得不到保证，注册信息存在不全、不完整及过时问题等；Cymru 组织维护的 Bogon 列表只能用于验证含有未分配前缀的 BGP 路由。

● MOAS 验证[99]

X.Zhao 等人提出了一种基于 BGP 团体（community）属性的 BGP 协议增强方案，其基本思想是：对于有效的 MOAS 冲突而言，相关的网络管理员应事先知道涉及的合法自治系统，可以在宣告该前缀时，在 BGP 路由的团体属性中列出这些自治系统的编号，即所谓的 MOAS 列表，这样 BGP 路由的接收方就可以利用该信息来发现无效的 MOAS 冲突。然而，由于 BGP 路由团体属性中的信息是不可验证的，MOAS 列表方案的作用十分有限，只能帮助路由接收方检测是否存在关于某前缀的无效 MOAS 冲突，而不能判断该无效冲突是由哪些劫持路由引起的。

● 前缀劫持防御[100]

文献[100]提出一种可渐进部署的路由前缀劫持防御方案，其基本思想是：大型自治系统优先选择和发布可靠路由，同时抑制虚假或者可疑路由的传播，从而提高可靠路由的覆盖范围。该文认为，存在时间越长的路由往往越可靠，而虚假或者可疑路由往往生存期很短，这一点与文献[101]的实验分析结果一致，而虚假路由则依赖路由监测系统的发现结果。其实验结果表明，仅在 20 个自治系统上部署路由防御机制，就可以将受到路由欺骗的自治系统比例从 50% 降到 15%。该方法体现了一种协同防御的思想，通过多个自治系统的局部抑制来提升路由系统的整体安全能力，比 S-BGP 等安全协议的可部署性更强。

从上述研究可以发现，前瞻性防御方案的特点在于能够提供更为可靠的安全保证，但基于数字证书的解决方案在实施上存在局限性，pgBGP 思想的出现是近年的研究亮点，为基于非加密的 BGP 安全研究提供了新的思路，响应式防御方案利用了路由监测系统的结果，使得防御更具方向性，并且更易于实现，现有响应式防御方案主要针对已经发生的虚假路由进行抑制，没有形成对虚假路由的预防能力和对恶意自治系统的惩罚效果。

2.2 协同机理与应用研究

2.2.1 协同理念

德国科学家 H.Haken 对协同的概念给出了如下描述：协同是系统中诸多子系统相互协调、合作或同步的联合作用，是系统整体性和相关性的内在表现，子系统间通过非线性作用能够产生自组织协同效应，使整个复合系统的运作从无序走向有序，使系统的效能发挥到最优状态[41]。

协同思想最初来源于生物学和社会学研究，近年来被广泛应用于计算机研究的多个领域。不同应用和场景对协同的理解有所不同，例如：协同是多个代理为达到各自或者共同目标的集体行为[102]；协同是一种能够提升

个体受益的方法[103]；协同是多个通过网络互联的社会／生物／物理／信息实体之间为了达到共同目标而共同工作的行为，这种目标可以包括个体或全局的目标、任务分配、多系统自治（collective autonomy）、冲突消解、目标优化、系统维护、信息共享等[104]；协同是多个资源为完成共同任务而进行的交互、同步和计算的过程[105]。

本书认为，协同既不是一种简单的行为，也不是一种特殊的模式，协同更像是一种特定场景，在这种场景下，多个实体通过完成一系列的行为来实现最终的目标。基于这样的理解，本书把协同作为一种解决问题的方法，通过 ISP 之间的相互配合、相互监督、主动共享信息以及自我行为约束等协同方式来克服域间路由系统内在特性为路由管理带来的困难，借助各种协同管理机制，改变互联网现有各自为政的管理模式，促使互联网向更为健康、和谐的方向发展。

2.2.2 协同应用

近年来的学术统计数据表明，协同方法被广泛应用于计算机理论和应用研究，并呈逐步上升趋势，据 ISI Web Science 提供的数据[106]，计算机理论和应用研究领域进入 SCI 检索的相关论文数在 1999—2004 年为 147 篇，而 2004—2009 年为 340 篇，国内关于协同方法和理论的研究变化趋势如图 2.10 所示[107]。

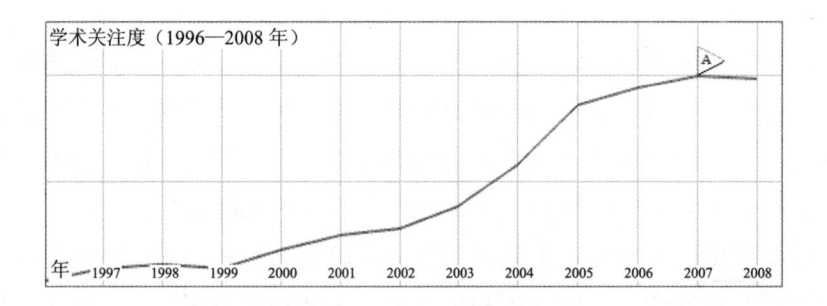

图 2.10　CNKI 关于"协同"学术研究关注度变化曲线（1996—2008）

协同强调实体之间的协作，通过实体之间的简单合作来实现复杂的整体目标。涌现理论认为"复杂性、智能行为是根据底层规则涌现的"，多个协同实体之间的集体行为能够完成非常复杂的任务[108]。基于这样的思想，在计算机研究领域中产生了许多基于协同思想的机制和算法。

● 求解复杂问题

协同思想能够简化问题的求解过程，被用于许多 NP 完全问题的求解。例如组合优化问题，受蚂蚁群体行为的启示，意大利学者 Dorigo 提出了一种用于解决组合优化问题的新型启发式搜索算法——蚁群算法[109]。蚁群算法的问题求解过程与蚁群的觅食行为相似，首先为个体定义简单的行为规则，然后通过个体之间的信息交流和相互协作，最终得到问题解。蚁群算法在组合优化、函数优化、网络路由、聚类分析、人工智能等领域获得了广泛的应用，并取得了良好的效果。与传统的组合优化问题求解方法相比，蚁群算法的一个显著特征就是强调个体之间的协同和进化。

● 保持群体和谐

受自私性和信息局部性的影响，复杂系统中的个体之间在目标、利益及信息视图上可能存在差异，进而导致各种冲突，协同思想为在分布式环境下实现群体和谐提供了思路。文献[110]在研究昆虫的群体智能时，发现昆虫之间存在一种潜在的协同意识，称为"stigmergic cooperation"，能够根据外界资源的变化而自动调整自身行为，从而使得整个物种群体保持和谐。"stigmergic cooperation"是一种隐式协同，即个体之间的协同行为不需要显式的信息交换，而是依靠彼此对环境的感知来实现整体的协同效应。与传统基于统一规划的方法相比，隐式协同思想更适用于大规模分布式系统，在消除多 Agent 协作冲突方面有良好的效果[111]。

● 分步协同计算

分步协同计算通过团队成员的共同努力与分工合作来解决复杂问题和完成大规模任务。计算机支持协同工作（CSCW）是分布协同计算思想的典型应用[112]。清华大学史美林教授将 CSCW 定义为：地域分散的一个群体借助计算机及网络技术，互相配合来完成一项任务。人们通过建立协同工作

的环境，改善信息交流的方式，消除时间和空间上的障碍，提高工作效率。除 CSCW 外，协同计算的思想在协同搜索[113]、协同过滤[114]、协同决策[115]等领域也得到广泛的应用，CSCW 技术强调协同工作环境的建设，而后者则更重视协同过程和方式的研究。

● 网络协同安全

网络协同安全技术[116]是实现网络安全的重要技术手段，协同思想在入侵检测（IDS）和 DDos 攻击检测方面都有广泛的应用。例如，为解决不同 IDS 之间的互操作和共存问题，美国国防部高级研究计划局（DARPA）和 IETF 合作制定了公共入侵检测框架标准（common intrusion detection framework，CIDF）[117]，其目的是为部署在多个管理域的 IDS 提供一个互操作和信息共享的协同平台。文献[118]受生物免疫系统的启发，提出一种协同入侵检测方案，通过在多个智能检测代理之间动态共享信息和自主协同来实现入侵事件的识别。文献[119]提出一种基于多自治系统协同的 DDos 攻击检测方案，其实验结果表明通过 4 个网络自治域的协同就能够保证 98%的检测准确率。

根据上述内容可知，协同已经成为解决复杂系统优化、管理和安全问题的重要技术手段。域间路由系统是一个结构复杂的分布式系统，具有明显的自组织特性[123]，这种自组织特性使得域间路由管理难以通过集中式控制方式实施。本书认为，协同思想的出现为解决诸如域间路由策略配置、域间路由监测及域间路由安全等问题提供了思路，加强 ISP 的协同与合作是解决这类问题的有效途径。

2.2.3 协同机制

协同行为的形式多种多样，如通信行为、控制行为、激励行为、利他行为等，协同行为的实施往往需要关键机制的支撑。下面介绍两种与本书研究内容相关的技术：隐私保护和信誉评价。

（1）隐私保护

● 安全多方计算

安全多方计算 SMC（secure multi-party computation）是近年来在密码学领域迅速崛起的研究方向，被广泛用于有隐私保护需求的分布式计算应用中。安全多方计算问题可以描述为：一组参与者希望共同计算某个约定的函数，每个参与者提供函数的一个输入，出于安全考虑，参与者提供的输入对其他人保密。A.C.Yao 于 1982 年提出了著名的百万富翁财富问题和两方安全计算协议[121]。随后，O.Goldreich 等人基于密码学安全模型提出了可以计算任意函数的安全多方计算协议[122]，D.Chaum 等人证明了在信息论安全模型中，被动攻击情况当串通攻击者少于 $n/2$、主动攻击情况当串通攻击者少于 $n/3$ 时，任意函数都可被安全计算[123]。上述研究从理论上证明了安全多方计算的可解性，但是由于大量使用零知识证明技术，导致协议的通信复杂性很高而极不实用。因此，多方安全计算的研究重点逐渐向提高效率和加强应用的方向转变。近年来安全多方计算技术被很多学者引入传统的数据挖掘、计算几何、电子拍卖和统计分析等领域。

● 私有信息检索

私有信息检索（private information retrieval，PIR）是指在不向服务器透露具体查询内容的前提下完成信息查询。私有信息检索可抽象描述为：在服务器上存有长度为 N 的串 X，某客户希望查询第 i 位的内容，但不希望服务器知道 i 的具体值。PIR 最早由文献[124]提出，最简单的解决方案是下载整个数据库，然后在本地完成查询，但这样做会引起巨大的通信开销，因此关于 PIR 问题的解决方案大多以降低通信复杂度为研究目标。现有解决方案主要分为：基于信息论的私有信息检索[124]和可计算性的私有信息检索[125]。信息论的私有信息检索模型是指在计算能力无限的情况下，当用户完成查询后，服务器依然无法得到 i 的具体值，这类模型大多通过多副本配置等信息论方法实现。可计算的私有信息检索是指服务器计算能力有限的情况下，当用户完成查询后，服务器无法得到 i 的具体值，这类模型大多基于计算复

杂性假设实现。PIR问题没有考虑服务器方的隐私保护问题，文献[126]进一步提出了对称隐私信息检索问题（symmetrically private information retrieval, SPIR），其目标是防止用户在数据查询过程中，获得预期查询结果以外的信息。

（2）信誉评价

信誉机制的基本思想是收集和分析目标对象的历史行为，并且根据一定的计算规则来评估其后续行为的可靠性。信誉机制的本质作用在于激励实体提供真实可信的服务，遏制恶意的欺骗行为，促进网络交互环境向良好有序的方向演化。

不同应用环境和研究领域对信誉的定义各不相同[127-131]，具有代表性的定义如下：实体的信誉指在特定的时段和上下文环境中，其他实体根据其历史行为表现得到的对其未来行为的期望[132]。虽然信誉的定义存在差异，但是有一点是公认的，即信誉的产生都依赖直接交互行为的经验和通过社会网络得到的推荐信息[133]。

现有关于信誉评价机制的研究成果主要分为两类：面向在线业务的集中式信誉机制和面向自组织网络的分布式信誉机制。

● 面向在线业务的集中式信誉机制

集中式信誉机制主要用于解决电子商务中的交易诚信问题，其主要思想是通过集中的信誉中心服务器来收集、统计、发布用户历史行为反馈信息，激励陌生人之间的诚信合作行为，促进网络信任。集中式信誉机制的思想比较简单，易于实现，其安全性和可靠性主要依赖建设机构自身提供，一些著名的电子商务网站都建立了自己的在线信誉系统，例如：eBay[134]、Epinions[135]、Amazon[136]等。

● 面向自组织网络的分布式信誉机制

P2P、网格计算环境和无线网络等自组织网络大多采用分布式信誉机制来解决可靠资源和服务的选取以及恶意和自私行为的抑制等问题。分布式信誉机制兼顾了节点的直接交互经验和间接推荐信息，采用分布式体系结构，不依赖控制中心，与集中式信誉机制相比，在计算参数、计算模型、管理方法以及安全机制等方面更为复杂。

①计算参数

在信誉计算参数的选取方面，现有研究工作存在较大的差异，并未形成统一的标准。例如：P2PRep[137]根据目标节点邻居的反馈信息计算目标节点的信誉；XRep[138]采用文件内容摘要作为信誉计算依据，有效防止高信誉节点散播恶意信息；PeerTrust[139]在计算信誉时，不仅选择反馈信息、交易次数、信息反馈点信用等与交易直接相关的具体参数，还考虑了交易的上下文环境，在可靠性和公平性等方面更为完善；FIRE[140]综合考虑了评价节点与目标节点之间的直接交互经验（direct experience）、推荐节点与目标节点之间的直接交互经验（witness information）、评价节点与目标节点之间的角色关系以及目标节点提供的用于证明自己诚信的第三方信息等。与其他信誉模型相比，FIRE 在信誉计算参数的选择上更为全面。

②计算模型

信誉计算模型决定了计算参数的合并方式，信誉计算模型大多表现为数学理论的应用。现有研究中主要采用的计算模型包括：累计投票模型[134]、Bayesian 模型[141]、基于 D-S 理论的 PTM（pervasive trust management model）[142]、基于向量计算机制的 Hassan 模型[143]、基于半环理论的 George 模型[144]、基于熵（Entropy）理论模型[145]、基于模糊集合理论的模型[146]等。

③信誉管理

现有研究大多采用 P2P 网络的信息搜索技术来管理信誉信息。例如：文献[147]采用二叉树实现信誉信息的分布式存储和查询，通过搜索二叉树来完成信誉计算，不需要集中的信誉管理中心；EigenTrust[148]采用分布式哈希表（DHT）存储节点的信誉信息，利用基于 DHT 的路由机制实现高效信誉信息查找和定位。文献[149]在 P2P 网络中部署多个信誉计算代理来负责其他节点的信誉管理，与采用全分布式体系结构的信誉系统相比，减轻了节点的信誉管理负担。PRIDE[150]在计算信誉时，将结果保存在本地并供其他节点查询，这种类似 Cache 的思想能够有效降低单个节点的存储开销和

通信开销。NICE[151]在查询信誉时，被评估节点主动对外提供信誉推荐者，这种方法能够有效降低信誉搜索的开销，具有较高的效率。

④安全机制

为了保证信誉计算结果的真实性，避免恶意攻击，在设计信誉系统时，需要考虑信誉计算的安全机制。例如：文献[32]基于证据理论（dempster-shafer theory）提出一种面向多 Agent 系统的信誉计算机制，在综合信誉的计算上更具理论严谨性，在避免恶意推荐节点和不公平推荐方面具有较好的效果；TrustMe[152]基于公钥加密技术实现 P2P 网络环境下的信誉信息安全存储与访问，利用数字签名技术保证了信誉管理的安全、可靠和可追溯；R-Chain[153]通过引入目击者来防止节点篡改自身的信誉信息；PathTrust[154]在计算信誉时，选择可靠性高的信息传播路径来获取其他节点对目标节点的评价，从而保证最终计算结果的真实性。

除了上述研究成果外，信誉机制在移动网络（MANETs）和无线传感器网络（WSNs）领域也有良好的应用，除解决信任问题外，无线网络中的信誉机制还用于惩罚恶意和自私行为以及抑制内部攻击，目前具有代表性的研究成果主要有 CORE[129]、CONFIDANT[155]、OCEAN[156]、RFSN[157]等。

有关信誉评价的研究成果非常丰富，大多是针对电子商务和 P2P 领域的，近年来在网格、无线网络也得到了广泛的应用，但是在域间路由安全管理方面却无成熟的信誉机制可以利用。近年来，随着 ISP 对协同意义的重新认识，在域间路由安全管理研究领域，信誉机制开始受到关注[158]。

2.3 小　　结

本章对互联网域间路由管理中的典型问题和现有解决方案进行了回顾，重点针对与本书研究内容密切相关的内容进行介绍。现有研究表明，在当前互联网环境下，ISP 之间的协同管理能力依然存在不足，例如：在路由配置管理中，由于 ISP 的隐私保护需求，使得跨自治系统的策略冲突检测和不一致错误检测变得非常困难；在路由监测管理中，集中式信息共享方式难以保证监测信息的及时性和准确性；在路由安全管理中，无论是主动式防御还是响应式防御，都没有考虑 ISP 对自身路由行为的约束机制，缺乏从根源上抑制恶意行为的方法。

通过 ISP 的主动协同来解决域间路由管理中的问题是本书工作的基本思想，为此，本章对协同的理念、应用和机制进行了总结。研究表明，协同思想在复杂系统的性能优化、冲突消解、安全防护方面都有广泛的应用，而这些应用和域间路由管理之间存在许多相通之处，具有重要的参考价值。

第 3 章

域间路由协同管理框架

域间路由系统内在特性与管理需求之间的矛盾导致了路由性能、故障、配置和安全等诸多问题，而加强 ISP 协同是解决这些矛盾的有效方法之一。针对妨碍 ISP 协同的根本原因，本章提出了以隐私保护、信息共享和信誉评价等协同机制为基础的域间路由协同管理框架——ISPCMF（ISP cooperative management framework）。该框架为 ISP 提供协同配置检查、协同路由监测和协同路由安全等能力，通过完善支撑机制促进 ISP 自组织地协同。ISPCMF 构建在应用层 P2P 网络上，强调渐进部署性与可实施性，不需要修改路由协议，具有良好的可扩展性与较低的计算和通信开销。

本章是全文研究工作的总体规划，内容组织如下：3.1 节介绍研究动机与目标，3.2 节分析域间路由管理面临的困境以及 ISP 协同的概念和难点问题，3.3 节从体系结构的角度描述 ISPCMF 的核心要素、系统结构和设计原则，3.4 节介绍 ISPCMF 的实例化系统——ISPCoware，3.5 节总结本章内容。

3.1　动机与目标

互联网应用的蓬勃发展对互联网的性能、稳定和安全等方面提出了新的要求和挑战。域间路由系统作为互联网的核心基础设施，对整个互联网的稳定性、健壮性和安全性有着重要的影响。尽管人们在域间路由管理方面不断取得进展，但总体上讲，域间路由管理仍存在许多突出、亟待解决的现实问题。一方面，层出不穷的互联网应用和快速增长的网络用户在不断考验互联网路由系统的承载能力和运营能力；另一方面，受经济利益的驱使，互联网在设计之初的许多前提假设已经不复存在[27]，ISP 的激烈竞争为域间路由管理带来了新的困难。

域间路由管理属于网络管理的范畴，包括性能、故障、配置和安全等多方面内容。由于 ISP 在网络运营过程中缺乏协同，整个域间路由系统在管理上表现出一种"无序性"，在稳定性、健壮性和安全性等方面存在诸多问题[2, 28]。现有研究在解决域间路由管理方面的问题时，大多从单个自治系统的角度出发，忽略了 ISP 协同的重要性，导致所提方案受信息局部性和 ISP 自私性的影响，难以在实际环境中部署。本章以互联网域间路由管理为应用背景，提出一种面向多 ISP 的协同管理框架 ISPCMF，通过完善协同机制和管理方法来加强 ISP 的协同，进而确保互联网域间路由系统在性能上具有全局优化能力，在运营上具有协同配置能力，在安全上具有协同监管能力。

3.2　问题描述与分析

3.2.1　域间路由管理中的困境

域间路由系统内在特性与管理需求之间的矛盾是导致其管理困难的根本原因，主要体现在以下三个方面。

（1）ISP 运营管理的自治性与路由策略一致性需求之间的矛盾

所谓 ISP 运营管理的自治性是指 ISP 根据局部利益最大化的原则独立进行路由配置和决策，如短路径优先原则[159]。路由策略一致性需求是指自治系统之间的路由策略必须保持一致，以满足端到端流量转发的全局网络可达性需求。

在当前的互联网中，自治系统之间按照商业关系相互连接，并根据商业合同的约定交换路由和转发网络流量[160]。为了实现商业合同的约定，ISP 通过制定各种复杂的路由策略来控制路由器进行路由交换和流量转发。由于 ISP 在配置管理路由时主要考虑商业合同约束，往往忽略了路由策略的一致性要求，当 ISP 之间的路由优化目标和商业利益存在分歧时，会导致路由策略冲突。形成策略冲突的客观原因在于 BGP 协议缺乏一致性检查机制，

主观原因则是由于 ISP 在运营管理自治性的影响下，无法了解其他自治系统的情况，因此无法主动适应对方。如果自治系统之间存在路由策略冲突，就会严重影响路由系统的稳定和性能[42, 161]。

域间路由的稳定和收敛问题自提出以来，一直受到学术界和运营商的广泛关注。该问题之所以没有得到圆满解决，一方面是因为域间路由系统自身的复杂性，另一方面则是由于 ISP 运营管理自治性与路由策略一致需求之间的固有矛盾。

（2）BGP 信息隐藏机制与管理信息公开需求之间的矛盾

信息隐藏机制是指 BGP 协议在路由交换过程中，将去往指定目标的路由信息抽象为一个自治系统节点序列（AS_PATH），对自治系统内部网络细节进行抽象和屏蔽，如内部路径、链路状态等。管理信息公开需求是指在路由管理过程中，为定位故障原因和问题根源，往往需要了解自治系统的内部信息，如拓扑变化、链路状态和路由策略等。

BGP 协议的信息隐藏机制能够降低路由信息的管理和存储开销，减少自治系统在路由决策过程中的相互依赖。信息隐藏技术不仅可以保证域间路由系统的良好扩展性，还可以保护自治系统的商业秘密和系统安全。然而，信息隐藏技术在保证系统扩展性和安全性的同时，也为跨自治系统的路由诊断与策略冲突检查带来了困难。例如，如果进行路由收敛缓慢分析[162]和入口流量控制[163]，就需要精确分析导致 BGP 路由变化的问题根源，由于 BGP 的信息隐藏机制，使得路由更新原因分析难以实施[164, 165]；如果需要检查自治系统路由策略冲突和验证路由有效性，就需要对照检查自治系统的路由策略[37]和路由表[86]，由于路由策略会泄露 ISP 的商业秘密和内部网络拓扑结构，大多自治系统拒绝公开。为克服 BGP 信息隐藏机制与管理信息公开需求之间的矛盾，以 IRR[35]为代表的方案提出路由注册的思想，呼吁 ISP 公开路由策略，消除信息隐藏给路由诊断、冲突检测等管理行为带来的困难。

虽然 BGP 协议的信息隐藏机制对路由管理行为存在负面影响，但是直接公开自治系统内部信息的做法并没有取得令人满意的答案,如何在保证域间路由系统扩展性和安全性的前提下实现管理信息的共享,依然是亟待解决的问题。

(3)BGP 简单信任模型与路由信息可信需求之间的矛盾

BGP 简单信任模型是指 BGP 协议没有提供保证路由可信的机制,在进行路由决策时,不对路由可信性进行评估,认为互联网中的任何网络运营商和路由信息都是可信任的[166]。路由信息可信需求是指自治系统对外宣告的 BGP 路由必须真实有效,并确保网络流量按照预期的路径转发。

BGP 协议在互联网大规模商业化之前已经发展成熟,由于当时的路由安全问题并不突出,BGP 协议的设计者主要关注路由计算的效率和实现。随着域间路由系统规模的剧增和 ISP 之间竞争的激化,路由系统的安全问题日益突出并开始受到重视[167]。近年来,因人为配置错误[101]和路由攻击行为[168]导致了一系列的路由安全事件[169-174],这些事件标志着 BGP 协议最初的安全假设已经不复存在。路由信息可信是实现网络流量可靠传输的前提,由于 BGP 协议的简单信任模型难以发现和阻止自治系统宣告虚假路由信息或实施其他恶意路由行为,近年来,围绕 BGP 协议的安全增强问题涌现了丰富的研究成果。

虽然域间路由安全问题受到普遍关注,但并未得到圆满解决。S-BGP[19]等基于密码学的路由安全解决方案受性能和部署等方面的影响难以大范围实施[94],而路由验证和路由监测等非密码学安全方案也受到信息局部性的制约,难以在单个自治系统上取得良好的效果,对抑制和约束 ISP 的恶意路由行为缺乏有效手段。

3.2.2　ISP 协同的概念与难点

(1)ISP 协同的概念

互联网经过多年的发展,其技术环境、商业环境和社会环境都发生了

巨大的变化,这些变化加剧了路由系统内在特性与管理需求之间的矛盾。现有研究大多针对具体的机制和协议进行改进和增强,没有站在 ISP 的角度考虑问题。传统的 ISP 独立运营,彼此缺乏协同的分治管理模式在面对新的管理问题时,难以取得令人满意的效果,ISP 协同已经成为一个趋势[26]。

所谓 ISP 协同管理是指 ISP 在实施路由配置、路由监测和路由安全等管理行为时,为了共同目标而进行交互、同步和计算的过程。ISP 协同的特点在于通过利他行为来提高整体效率,而参与协同的个体也随之受益。ISP 协同是一种自组织行为,通过 ISP 协同,能够有效克服信息局部性和 ISP 自私性对路由管理带来的负面影响。ISPCMF 是一种部署在各自治系统网络应用层之上,以 ISP 协同机制为支撑,帮助 ISP 实施域间路由协同管理行为的开放式框架。ISPCMF 不仅强调 ISP 在管理行为上的协同,还针对路由配置、路由监测和路由安全等典型管理应用,提出一套基于协同思想的解决方法,更强调多个层面和多种手段的协同,将路由配置、路由监测和行为约束等多种管理手段结合在一起,同时发挥作用。

(2) ISP 协同的难点

虽然 ISP 协同的思想已被学术界和工业界认可,但从实际现状来看,ISP 之间缺乏协同的现象依然十分明显(参见本书 1.2 节的现状分析)。妨碍 ISP 协同的主观原因是 ISP 的自私性,客观原因则是单个 ISP 对整个互联网信息视图的局部性。根据协同学中的群体智能理论,要通过 ISP 独立的"微观决策"实现域间路由行为的整体协调,就必须克服局部性,约束自私性,这也是 ISPCMF 的主要研究内容。

● 克服信息的局部性

信息共享是克服信息局部性的基本方法。ISPCMF 在实现路由管理信息共享时面临的挑战主要包括:ISP 的隐私保护需求和信息按需共享需求。

为了保护商业秘密和内部网络安全,在通常情况下 ISP 并不愿意对外公开其所辖自治系统的路由控制和管理信息,如 BGP 路由策略、BGP 路由表、内部拓扑和链路带宽等,即所谓隐私保护。隐私保护是 ISP 自治性的基本要求和必然结果,然而路由协同管理往往需要跨越自治系统进行信息访问,例如,通过比较双方路由策略来检查策略冲突[37],通过交换链路信息来实施跨域流量工程[175],通过公开内部网络时延来进行网络性能测量[176],等等。因此,ISP协同机制需要在不破坏ISP自治性和信息隐藏机制的前提下实现路由管理信息的共享与访问。

域间路由管理信息具有动态性、局部性和多样性等特点,所谓动态性是指信息本身会随着网络状态实时变化,局部性是指信息的产生和传播具有时空特性,多样性是指信息的种类和数量非常庞大。域间路由管理信息的这些特点使得ISP难以获得传统意义上全面、时空一致的全局信息视图。因此,ISP协同机制需要根据ISP协同关系和协同行为的变化,建立按需共享的动态信息视图。

- 约束自私性

在域间路由管理过程中,ISP的自私性主要体现为,基于局部利益最大化原则的路由行为和基于利益回报原则的服务行为。

由于域间路由系统对路由行为缺乏全局约束和规范机制,自治系统大多基于局部利益最大化原则制定BGP路由策略,为谋求经济利益,ISP甚至可以控制其所辖自治系统宣告不真实路由和私自违背路由约定[174]。因此,ISPCMF需要建立路由行为的协同监督机制,通过群体协同行为产生激励和惩罚效应,消除和抑制ISP的自私性,建立"人人为我,我为人人"的系统成长和自主演化秩序。

ISP协同的一个重要特点是鼓励自治系统的利他行为,然而在实际情况下,ISP在提供利他服务的同时,总是优先考虑自身利益的回报,对于容易导致自身利益受损的利他行为往往没有积极性。因此,ISPCMF设计的协同机制,必须将ISP的利他行为建立在自身收益之上,具备良好的激励性和渐进部署能力。

3.3 ISPCMF 体系结构

为了促进域间路由系统的协同管理，本章提出一种可扩展的系统化解决方案——ISPCMF，从协同形态、协同机制和协同能力等三个方面为ISP协同提供支持。本节从 ISPCMF 体系结构的角度阐述实现域间路由协同管理的技术途径和重要概念，主要包括：（1）构建协同形态，满足协同的自组织需求；（2）设计协同机制，克服 ISP 的自治性、局部性和自私性对协同的负面影响；（3）开发协同应用，提升ISP的协同管理能力。

3.3.1 核心要素

（1）协同形态

协同形态是用于描述和维护自治系统协同关系的抽象模型。域间路由系统规模巨大，在全局范围内组织 ISP 协同既不现实也无必要，只有对特定管理目标有共同需求的 ISP 之间才有可能建立协同关系。协同形态以自组织的方式产生，具有自主生成、自主演化的能力。

ISPCMF 包括两类协同形态：AS 对等体和 AS 联盟。AS 对等体被用于两方 ISP 协同关系的管理，其表现形式和产生方式与自治系统商业关系模型中的对等关系相同。AS 联盟被用于群组 ISP 协同关系的管理，针对自组织结构优化能力、协同流量工程能力的实现需要，可以采用物理相连、有商业转发关系的紧耦合结构，也可以采用物理上不相连而基于叠加网络进行交互的松散结构。ISP 之间根据不同的应用管理需求可以自由组合，形成不同类型的 AS 联盟，如信誉联盟（本书第 6 章）、证书联盟[177]等。图 3.1 是协同组织形态 AS 联盟示意图。

(2)协同机制

协同机制是指 ISPCMF 在实现域间路由的协同管理过程中,为了克服信息局部性和 ISP 自私性所采用的一系列方法和协议。协同机制为解决具体的管理应用问题提供支持,是实现 ISP 协同的关键所在。ISPCMF 目前包含的协同机制主要有隐私保护机制、信息共享机制和信誉激励机制,并可以根据实际需要进行扩充。

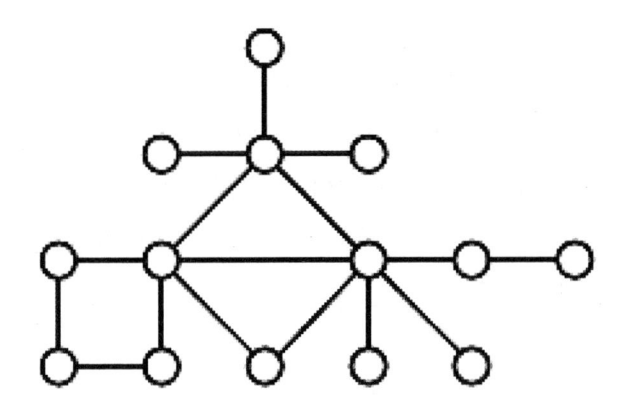

(a) AS 拓扑结构图

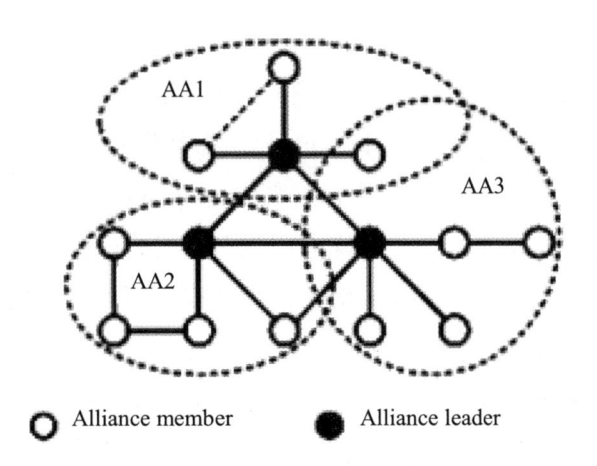

○ Alliance member ● Alliance leader

(b) AS 联盟结构图

图 3.1 协同组织形态 AS 联盟示意图

- 隐私保护机制

ISPCMF 的隐私保护机制为访问自治系统路由策略、BGP 路由表等隐私信息提供技术手段，为实现无信息泄露的域间路由协同计算提供支持。借助隐私保护机制，可以实现多自治系统路由策略冲突检查、路由有效性协同验证、BGP 路由表异常和路由攻击行为的联合检测等路由管理应用，以及 ISP 协同的网络攻击溯源和安全威胁分析等常规网络安全应用。

隐私保护机制的基本设计思想是，将 ISP 隐私信息访问问题转化为安全多方计算问题，基于多方安全计算理论的研究成果，对 ISP 的隐私信息进行同态变换后再进行访问，并且保证转换前后计算结果的一致性。隐私保护机制的常见实现方式主要包括基于不经意传输协议、基于加同态密码算法、基于多副本存储的 PIR 方法等。ISPCMF 的隐私保护机制采用离散对数假设和可交换加密函数来实现，在计算和通信开销以及可部署性上更具优势，相关内容参见本书第 4 章。

- 信息共享机制

ISPCMF 的信息共享机制为自治系统建立路由协同管理所必需的信息视图提供技术手段，为 ISP 之间实现路由信息的自组织聚合和按需共享提供支持。借助信息共享机制，可以实现多自治系统的路由协同验证、路由协同监测以及协同流量工程等路由管理和控制应用。

信息共享机制的基本设计思想是，借鉴生物学群体智能（swarm intelligence）的自组织思想，利用自治系统之间商业关系引起的信息局部性和相关性作为启发信息，通过节点之间简单的显式或隐性交互来实现路由管理信息的按需聚合。现有研究解决信息共享问题的方法包括集中式共享和分布式共享。前者在扩展性和信息完整性等方面存在不足，后者在信息提供方的选择和激励性方面考虑不够深入。ISPCMF 的信息共享机制在分布式共享的基础上进行了扩展，在被动查询的基础上增加了主动推送和激励机制，与现有其他信息共享机制相比，在信息有效覆盖率、通信开销、激励性等方面具有优势，相关内容参见本书第 5 章。

- 激励和惩罚机制

ISPCMF 的激励和惩罚机制为监督和约束 ISP 的自私路由行为、提升 ISP 的路由管理水平提供技术手段，为实现 ISP 协同路由安全、推动域间路由系统健康发展提供支持。借助激励和惩罚机制，可以鼓励自治系统约束和规范自身路由行为，提升自治系统实施利他行为的积极性，孤立恶意节点。

激励和惩罚机制的基本设计思想是，针对互联网的社会特性，采用经济学的方法和社会学的手段，设计有效的激励和惩罚机制，利用协同控制的方式，鼓励 ISP 的诚信和利他行为，惩罚自私和恶意行为。ISPCMF 用于约束 ISP 自私性的协同机制，主要包括基于 ISP 信誉的路由信任机制和基于利益激励的自组织机制。基于 ISP 信誉的路由信任机制将路由信誉引入自治系统的路由决策中，在信誉机制的作用下，路由信誉良好的自治系统宣告的 BGP 路由会被优先选择，反之会被抑制使用或者丢弃。由于 ISP 的经济利益与使用其流量转发服务的用户数多少有关，而 BGP 路由被选择与否直接影响到用户数的多少，因此，ISP 为了保证自己的经济利益，必须努力提高自身的管理水平，杜绝或减少恶意行为。基于利益激励的自组织机制将 ISP 自身收益建立在其协同行为上，能够有效提升 ISP 参与协同的积极性。例如，在 ISPCMF 提出的路由协同监测方法中，ISP 对其他节点贡献的多少与其自身收益呈正比，从而鼓励 ISP 积极参与协同监测，相关内容参见本书第 6 章。

（3）协同能力

协同能力是指 ISP 以协同形态和协同机制为基础，形成的域间路由系统结构优化能力和域间路由协同管理能力。

- 结构优化能力

ISP 协同形态的构建有助于域间路由系统避免单边控制，促进对等和多极化发展。以 AS 联盟为例，未来互联网可能形成多个 AS 联盟，如美国基于 GENI、欧洲基于 GEANT、中国基于 CNGI 等。AS 联盟之间可以进一步联合形成对等结构，使小型的 ISP 协同起来有能力遏制大型 ISP 的垄断，而

不是现在 AS 之间 Tier-1、Tier-2 等单纯的层次结构。

协同形态的构建为域间路由管理信息的进一步聚合以及按需共享提供了可能。虽然互联网自治系统的划分，域间路由协议、域内路由协议区别，以及域内的分区路由已经实现了多个级别的层次路由，但是 AS 数目和路由表的超线性增长，使路由系统的扩展性仍然面临严峻挑战，协同形态在现有基础上提供了更高层次的抽象。

● 协同管理能力

协同管理能力具备两种共性特征：需要多个 ISP 的参与，需要借助协同机制克服信息局部性或 ISP 自私性。ISP 的协同管理能力具体表现为以协同机制为基础的路由管理软件集合，这些软件的管理目标覆盖域间路由管理过程中的性能、故障、配置和安全等各种问题，如路由协同配置、协同流量工程、路由协同监测、路由协同安全等。借助这些软件，ISP 可以通过协同的方式实施路由管理行为。

3.3.2 系统结构

ISPCMF 的静态结构视图如图 3.2 所示。

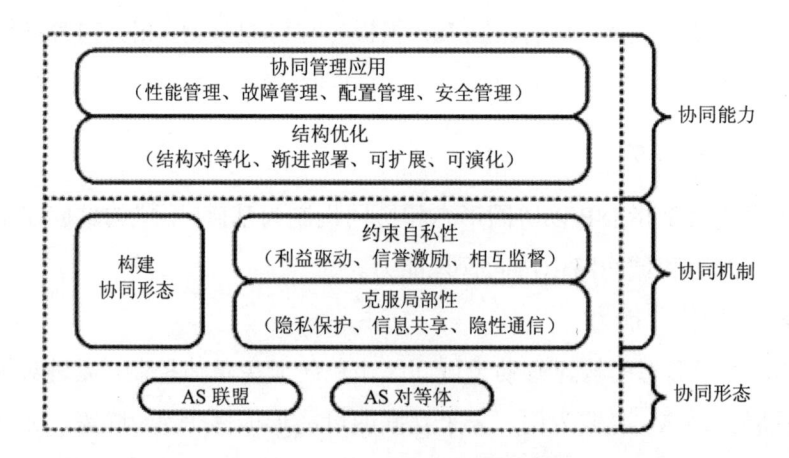

图 3.2 ISPCMF 的静态结构视图

图 3.3 给出了 ISPCMF 的动态运行视图。首先，自治系统之间按照自组织方式建立协同关系，形成协同形态，如 AS 联盟；其次，自治系统在协同机制的作用下，运用协同能力实施路由管理，在协同行为结束后，自治系统根据协同结果动态调整协同内容和协同关系。

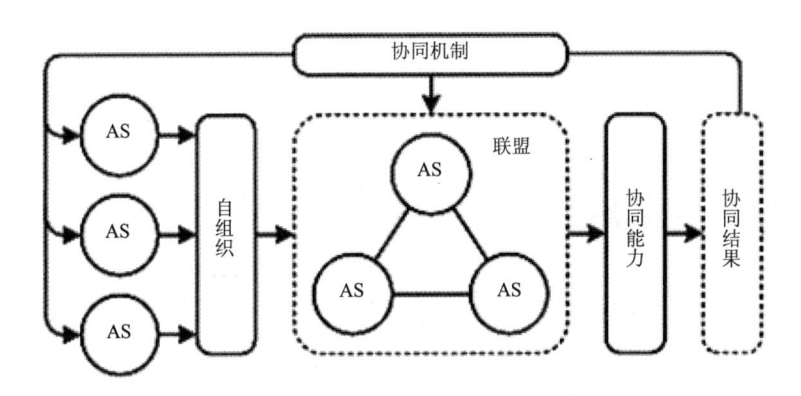

图 3.3 ISPCMF 的动态运行视图

3.3.3 设计原则

为使其更具实用性，ISPCMF 在设计上遵循如下原则。

● 自组织原则。ISPCMF 采用自组织方式实现 ISP 之间的协同，不依赖全局性的控制机构；ISP 之间则根据局部信息和管理需求相互协商建立协同关系，借助协同机制克服信息局部性和自私性。

● 独立性原则。ISPCMF 的协同形态、协同机制和协同能力位于管理平面，不需要修改 BGP 协议；ISP 之间的协同行为则通过应用层覆盖网络的方式实施。

● 渐进性原则。ISPCMF 强调渐进部署能力，通过在少数 ISP 之间实施协同就能使大多数 ISP 受益，并且整体效果与参与协同的 ISP 数量呈正比。

3.4 实例化设计——ISPCoware

基于 ISPCMF 体系结构与核心机制，本书设计实现了一套面向多 ISP 的域间路由协同管理软件——ISPCoware，对 ISPCMF 思想的有效性与可行性进行了验证。

3.4.1 功能描述

路由策略冲突检查、路由可信验证以及路由可信评估是域间路由管理中的代表性问题，这些问题都具备协同管理应用的共同特征，即需要多个 ISP 的参与并且依赖协同机制的支持。为此，ISPCoware 针对上述问题分别设计了路由策略冲突检查功能、路由可信验证功能和 ISP 路由信誉管理功能。

（1）路由策略冲突检查

路由策略冲突检查功能包括内部一致性检查和跨域冲突检查。内部一致性检查是对单个自治系统中多个路由器的配置文件检查，如配置语法检查，路由前缀宣告检查，属性检查（前缀、反射器、联邦等），等等。跨域冲突检查指对具有 BGP 邻居关系的自治系统进行策略一致性分析，通过比较自治系统的 BGP 路由策略来检查是否存在不一致性或者策略冲突。路由策略配置功能在策略比较过程中，通过隐私保护机制来防止 ISP 策略隐私信息泄露，为 ISP 提供策略冲突的协同检查能力。

（2）路由可信验证

路由可信验证功能包括路由可信验证和虚假路由通知。路由可信验证指对 BGP 路由的有效性和真实性进行核查。虚假路由通知是指在监测到无效或虚假的 BGP 路由信息时，及时通知其他自治系统，避免造成危害。路由可信验证功能借助 ISPCMF 的信息共享机制克服信息局部性，实现路由监测信息的按需共享，为 ISP 提供 BGP 路由的协同监测能力。

（3）ISP 路由信誉管理

ISP 路由信誉管理功能包括 ISP 路由信誉计算以及基于路由信誉的路由防御。ISP 路由信誉管理功能根据历史路由监测结果，采用路由信誉的方式评估自治系统发布路由的可信性，并以此为依据引导自治系统在路由决策时选择更为可信的路由，抑制虚假路由的传播，为 ISP 提供协同监督能力，进而提高域间路由系统的整体防御能力。

3.4.2 软件结构

ISPCoware 主要包括三个主功能模块和两个辅助模块。主功能模块分别为路由策略冲突检查模块、路由可信验证模块和路由信誉管理模块。辅助模块分别为路由监视模块和协同控制模块。

路由策略冲突检查模块、路由可信验证模块和路由信誉管理模块分别对应 ISPCoware 的三项管理功能。路由监视模块和协同控制模块为三项主功能模块提供辅助功能，其中，路由监视模块通过与 BGP 边界路由器建立 iBGP 会话收集所属自治系统的 BGP 路由，并将其保存在 BGP 镜像路由表中进行分析，路由监视模块不向边界路由器发布新路由，协同控制模块负责与其他自治系统的 ISPCoware 建立基于 TCP 的协同管理会话，用于交换协同管理过程中的各种信息，保证信息传输过程中的安全。

除提供路由协同管理能力外，ISPCoware 的三个主功能模块还相互协作和支持，为彼此提供必需的信息数据。路由策略冲突检查模块为路由可信验证模块在选择监测目标和协同对象时提供启发信息，路由可信验证模块在计算路由信誉时为路由信誉管理模块提供统计信息，而路由信誉管理模块又将信誉计算结果作为路由决策的参考依据，控制 BGP 路由协议进行路由宣告和路由转发。

ISPCoware 的软件结构如图 3.4 所示。

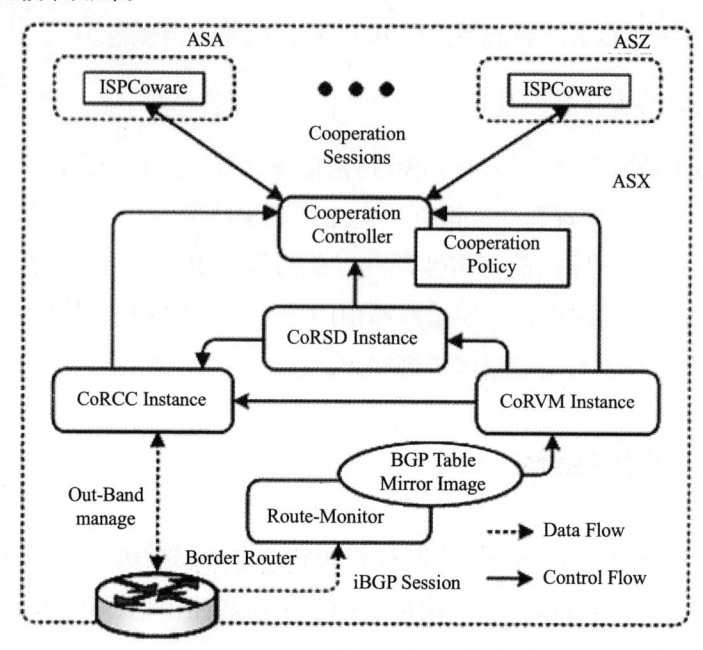

图 3.4　ISPCoware 的软件结构视图

3.4.3　系统部署

ISPCoware 是建立在网络管理层面的应用软件，部署在自治系统中的管理服务器上。每台部署了 ISPCoware 的管理服务器都具备独立的策略配置、路由监测和信誉计算能力，能够对所属自治系统实施 BGP 路由管理行为，例如，检查、修改和下发 BGP 路由策略，监听、分析和验证 BGP 路由信息，宣告、传播和抑制 BGP 路由等。另外，ISPCoware 在协同机制的引导下还能够根据实际管理需求，与其他自治系统建立动态协同关系，通过协同行为克服信息局部性和自私性等因素对路由管理造成的负面影响。在协同过程中，每台 ISPCoware 服务器可根据协同策略决定是否响应或参与来自其他自治系统 ISPCoware 系统的协同管理请求。

ISPCoware 整体部署视图 3.5 所示。

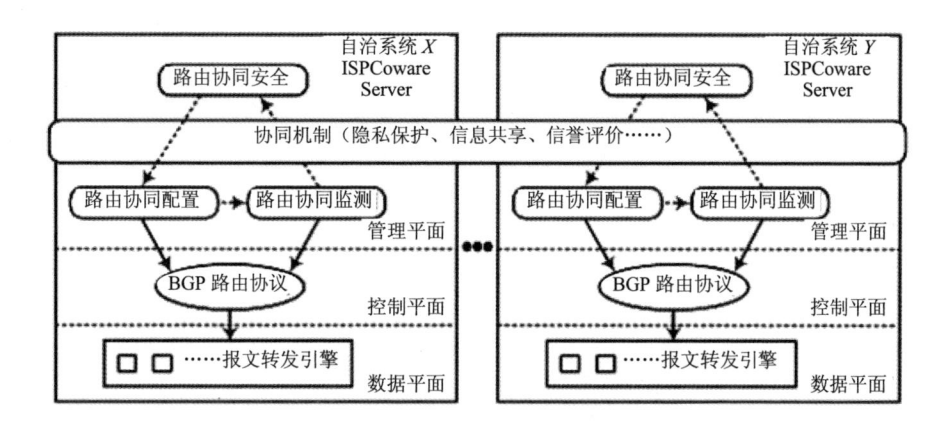

图 3.5　ISPCoware 整体部署视图

3.5　小　　结

互联网的飞速发展加剧了路由系统内在特性与管理需求之间的矛盾，对互联网的管理提出了更严峻的挑战。传统的 ISP 分治模式在新问题面前明显地表现出了不适应，寻求新的管理模式和管理技术已成为学术界和工业界的共识。本章提出的 ISPCMF 旨在为域间路由系统协同管理方法的研究提供一种可扩展的框架以及研究成果的组织方法。ISPCMF 的短期目标是为解决域间路由管理中的具体问题提供实用软件；中期目标是形成 ISP 协同环境，促进互联网的健康演化；长期目标是建立完善的 ISP 协同体系架构和理论模型。本章内容是全书工作的规划和导论，在后续章节中将对 ISPCMF 的核心组成要素进一步展开论述。

第 4 章

基于隐私保护的协同策略检查方法

本章针对域间路由配置中的策略冲突问题以及 ISP 的隐私保护需求，提出了一种不泄露 ISP 路由策略的协同策略检查方法——CoRCC。首先将路由策略冲突检查转化为路由决策结果比较，证明转化的正确性；其次基于离散对数假设和可交换加密函数设计路由决策安全比较协议，并从理论上证明协议的安全性；最后给出通过 CoRCC 方法检查路由策略冲突的具体步骤，通过实验验证该方法的有效性。CoRCC 具有良好的通用性，可用于策略冲突检查、路由有效性验证、路由策略协商等多种域间路由管理应用。

本章内容组织如下：4.1 节介绍研究动机与目标，4.2 节对应用问题进行描述并给出抽象定义，4.3 节阐述 CoRCC 的设计细节，4.4 节基于真实数据设计实验案例对 CoRCC 方法进行验证并对实验结果进行分析，4.5 节就一些相关的开放性问题进行讨论，4.6 节总结本章。

4.1 动机与目标

BGP 作为域间路由协议的事实标准，在其设计之初是一个简单的路径向量协议，依照最短路径优先的原则进行路由决策和报文转发。随着互联网的商业化和私有化，ISP 为了某种经济和政治目的，在提供网络流量转发服务时，往往需要满足特定流量工程的需要以及各种商业合同的约束。为此，BGP 协议经过一系列的扩充，成为一种策略型路由协议。ISP 通过制定各种灵活的路由策略来控制 BGP 协议进行路由决策和路由传播，进而实现对流量转发的控制。在路由策略的作用下，自治系统之间一方面彼此协同完成网络流量的转发，另一方面相互博弈以实现自身利益的最大化。由于自治系统都是独立配置和管理各自的路由策略，自治系统之间的路由策略冲突难以避免，这种路由决策的不合作会导致路由系统的性能、安全和健壮性等问题，进而对互联网的各种应用造成影响。另外，现有自治系统的路由策略都是由管理人员手工配置产生的，在一些复杂的情况下容易发生配置错误和不一致的问题，需要自动化检查工具，用于弥补这一不足。

路由策略冲突是引起域间路由管理和控制问题的主要原因，为了避免策略冲突对路由系统造成影响，需要对自治系统的路由策略配置情况进行对照检查。由于路由策略属于自治系统的隐私信息，跨域的策略冲突检测难以有效实施，现有研究提供的解决方案主要包括三类：基于 IRR 数据的检测方法[37]、基于有向竞争轮的检测方法[42]以及基于加同态密码算法的检测方法[50]。这些方法在 ISP 隐私保护、算法通用性、实现性能和效率等方面存在一定的局限性。因此，ISP 迫切需要一种主动的协同配置检查能力。上述解决方案的详细介绍参见本书的 2.1.2 和 2.1.3。

基于上述原因，本书基于离散对数假设和可交换加密函数，设计了一种无隐私泄露的两方比较协议，并基于此协议给出一种路由策略冲突检查方法——CoRCC。CoRCC 的目标是通过为 ISP 提供一种协同配置管理能力来促进域间路由系统的整体协调性，消除 ISP 竞争对互联网全局路由优化带来的负面影响。

4.2　问 题 描 述

本节首先介绍 BGP 路由策略配置的基本概念和约束，其次对后续内容将要用到的重要概念进行定义。

4.2.1　策略配置管理

BGP 路由策略是用于控制 BGP 路由协议进行路由决策和传播的一组参数和规则，具体包括路由输入策略、路由输出策略和路由决策属性。

（1）路由输入/输出策略

路由输入/输出策略用于定义自治系统愿意或拒绝接受输入/输出的

BGP 路由集合。BGP 协议使用一组路由过滤规则描述路由输入/输出策略，根据路由过滤规则控制自治系统的路由学习和路由发布。路由输入/输出策略是自治系统满足商业关系约束的重要手段，例如，自治系统向某邻居节点输出自己的 BGP 路由，则意味着能够为该节点提供互联网访问服务；而自治系统接受或者使用某邻居节点的 BGP 路由，则意味着愿意使用该邻居节点提供的互联网访问服务并为此付费。

自治系统之间的商业关系主要分为传输关系和对等关系。传输关系意味着一方需要为另一方提供互联网访问服务并从中收费，对等关系则意味着双方愿意免费为对方提供访问各自客户网络的路由。文献[68]在描述自治系统商业关系模型时，进一步将自治系统分为供应商（provider）、客户（customer）、对等体（peer）和同胞（sibling），其中，供应商负责提供网络访问服务并从中收费，客户通过供应商提供的 BGP 路由访问网络并付费，对等体之间免费转发流量，同胞是对等体的特例，指由同一 ISP 管辖但地理位置分散的自治系统，它们之间转发流量同样是免费的。图 4.1 给出了自治系统在制定路由过滤规则时应该遵循的常规原则，其中深色节点为路由发布节点，实线箭头为路由发布的方向，虚线箭头为能够传播路由的方向。

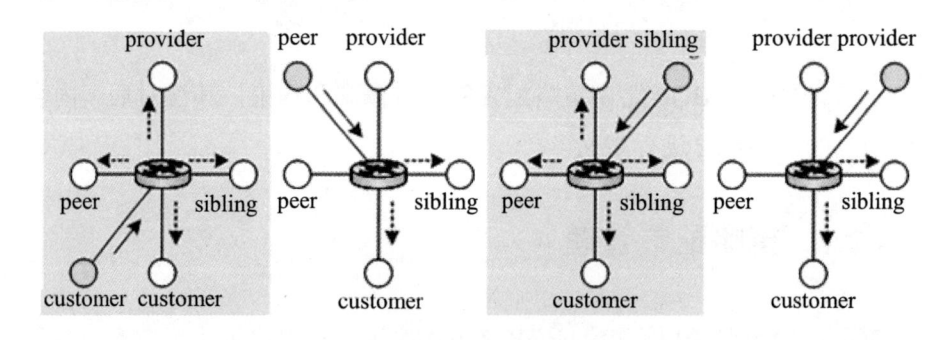

图 4.1 自治系统商业关系对路由策略的约束

（2）路由决策属性

路由决策属性是 BGP 协议在进行路由决策时使用的一组参考指标和评

判规则。当 BGP 路由表中存在多条去往同一目标地址前缀的路由时，BGP 协议需要根据路由决策属性对所有的可选择路由进行排序，并根据排序结果选择最佳路由。BGP 协议使用的路由决策属性见表 4.1 所列。

表 4.1 BGP 路由决策属性表

步骤	决策属性
1	最高本地优先级
2	最短 AS 路径长度
3	最低起源类型
4	最低 MED
5	从 eBGP 学习到 BGP 学习
6	到边界路由器的最低 IGP 成本
7	最小路由 ID

4.2.2 主要概念定义

路由策略冲突是指相邻自治系统之间在对彼此的 BGP 路由策略配置上存在不一致或者矛盾的现象。本书将路由策略冲突分为两类：过滤冲突和决策冲突。

（1）过滤冲突

假设存在具有 BGP 邻居关系的自治系统 A 和 B，令 $EF_{A \to B}$ 表示 A 对 B 的路由输出过滤规则集合，$IF_{B \to A}$ 表示 B 对 A 的路由输入过滤规则集合。对于任意 $\alpha \in EF_{A \to B}$ 和 $\beta \in IF_{B \to A}$，如果存在路由 r 能够通过 $EF_{A \to B}$ 但被 $IF_{B \to A}$ 拒绝，则称 $EF_{A \to B}$ 与 $IF_{B \to A}$ 冲突，反之亦然。

随着商业关系的复杂化和网络规模的扩大化，路由策略配置的复杂性也在不断提高，一些大型 ISP 的路由策略文件往往超过万行，配置错误难以

避免[101]，过滤策略冲突是常见的配置错误之一。文献[37, 48]的研究都证实了过滤策略冲突确实存在，在本章4.4节的实验部分，也通过分析 IRR 数据证实了这一点。路由过滤策略的冲突不仅是一种违背商业合同的行为，而且会影响网络的正常运营。

图 4.2 给出一个过滤策略冲突的实例。在图中，自治系统 AS1 和 AS2 互为 BGP 邻居，具有对等关系，它们对彼此的路由策略存在过滤冲突。其中，灰色阴影部分的配置是错误配置，斜体字部分是正确配置。在错误配置的情况下，AS2 的路由输出策略中没有将去往 AS5 的路由发布给 AS1，导致 AS1 的用户无法访问 AS5 的网络前缀，这违背了对等关系下的路由发布原则。另外，在 AS1 的路由输入策略中，不应该从 AS2 处接收去往 AS3 的路由，因为 AS3 是 AS2 的服务提供商，在通常情况下，AS2 不会把去往 AS3 的路由发布给 AS1，此时若存在恶意自治系统 AS6，伪造 AS2 向 AS1 发布去往 AS3 的路由，将会导致 AS1 将流量向 AS2 转发，当 AS2 收到这些流量时会丢弃报文，其效果等同于受到拒绝服务攻击。

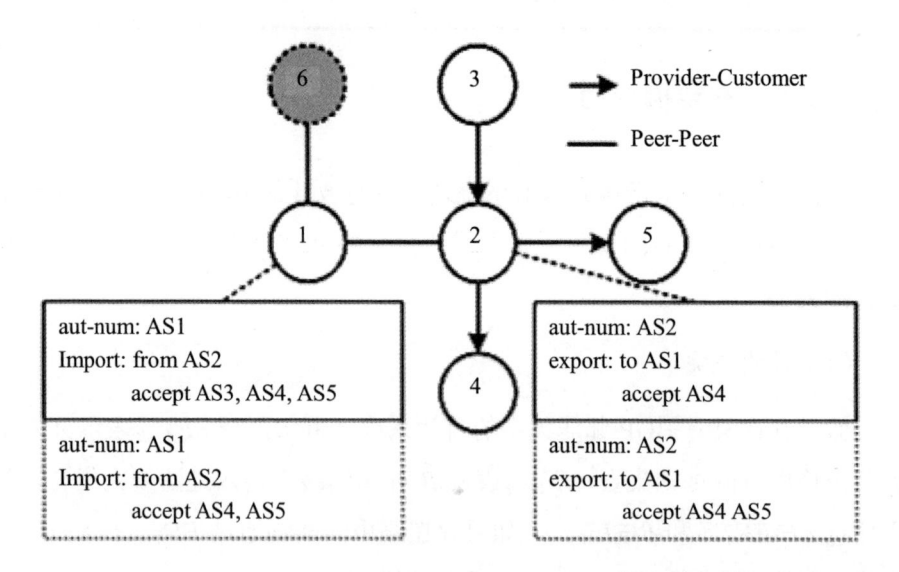

图 4.2　路由过滤冲突示意图

（2）决策冲突

假设存在具有 BGP 邻居关系的自治系统 x 与 y，$r_{x \to d}$ 是 x 去往目标自治系统 d 的 BGP 路由，其 AS_PATH 为 $\{yP\}$，其中 P 是除 y 以外的剩余自治系统编号序列，$r_{y \to d}$ 是 y 去往目标自治系统 d 的 BGP 路由，其 AS_PATH 为 $\{Q\}$，若 $P \ne Q$，则称自治系统 x 与 y 关于目标 d 存在决策冲突。

决策冲突是由 ISP 自治性和自私性引起的。受自治性的制约，自治系统在设置路由决策属性时，无法了解其他自治系统的具体设置情况，另外，自治系统为了局部利益最大化，总是根据对自身利益最有利的原则来设置路由决策属性。决策冲突会导致路由收敛速度变慢，当一组自治系统关于同一目标存在决策冲突并且构成环路时，会引起路由持续震荡。路由持续震荡是研究 BGP 路由收敛和稳定性的经典问题，有关路由震荡的过程说明参见 1.2 节和 2.1 节的相关内容。

通过上述定义可知，为了检查自治系统之间是否存在路由策略冲突，最简单的办法就是直接对照检查多个自治系统的路由策略配置。然而，由于 ISP 隐私信息保护问题的存在，这种检查方法并不具备可实施性。为此，本书将策略冲突检查问题归为一个多方安全计算问题，其约束条件定义如下：

自治系统 AS1～ASn 分别秘密输入各自的路由决策结果 $P_i(1 \le i \le n)$，并且共同计算策略冲突检查函数：$f(P_1, P_2, \cdots, P_n) \to (C_1, C_2, \cdots, C_n)$，计算过程结束后，AS1～AS$n$ 得到各自的函数计算结果 $C_i(1 \le i \le n)$，并且除 C_i 外不能得到其他参与者 ASj ($j \ne i$) 的任何输入信息。因为在多数情况下 $C_1 = C_2 = \cdots = C_n$，上述函数也可简化表示为 $f(P_1, P_2, \cdots, P_n) \to C$。

4.3 CoRCC 设计

本节提出一种面向多自治系统的 BGP 策略冲突检查方法——CoRCC。CoRCC 是对过滤冲突检查和决策冲突检查方法的统称，借助 CoRCC 方法能够在不泄露 ISP 路由策略的情况下，检测可能存在的过滤冲突和决策冲突。为便于描述，本节首先简要介绍相关的安全计算理论，其次分别介绍过滤冲突和决策冲突的检查方法。

4.3.1 安全两方比较协议

根据策略冲突的定义以及 2.1 节的介绍可知，策略冲突检查的关键环节是通过比较自治系统之间的 BGP 路由计算结果或者 BGP 路由策略是否一致来判断策略冲突的存在，而导致自治系统路由策略泄露的原因也在于此。因此，本书基于离散对数求解困难假设（简称离散对数假设）和可交换加密函数设计一种满足隐私保护约束的安全两方比较协议，并以此协议为基础设计策略冲突检查方法。

为了便于描述，下面介绍几个重要的数学定义。

定义 1：离散对数问题（DL 问题）。在 p 阶有限域 Z_p^* 中，g 是 Z_p^* 的生成元，h 是 Z_p^* 中的元素，要求计算整数 a，使得 $a < p$ 且满足 $h = g^a \bmod p$，即计算 $\log_g h$。

定义 2：离散对数假设（DL 假设）。在 p 阶有限域 Z_p^* 中，当 p 为 k 比特二进制素数且 k 足够大时，不存在计算复杂性为概率多项式时间的算法能够求解离散对数问题。

离散对数假设意味着虽然以素数为模的指数运算相对容易，但计算离散对数的精确解却很困难，对于大的素数，计算出离散对数几乎是不可能的。离散对数假设是诸多密码算法安全性的重要保证，目前被广泛认可的 k 下界为 1024。W.Diffie 和 M.Hellman 在离散对数假设的基础上，进一步提出了著名的 Diffie-Hellman 假设，简称为 DDH 假设。所谓 DDH 假设是指在有限群 G 中随机选择元素 a，b 和 c，g 是 G 的生成元，不存在计算复杂性为概率多项式时间的求解算法能够通过 g^a 和 g^b 计算出 g^{ab}。有关 DDH 的严格定义参见文献[178]。

定义 3：可交换加密（commutative encryption）。对于有限集合 S_{key} 和有限域 Z_p^*，若存在加密函数 $E: S_{key} \times Z_p^* \to Z_p^*$，对于任意 $key_1, key_2 \in S_{key}$ 和 $d \in Z_p^*$，都满足 $E[key_2, E(key_1, d)] = E[key_1, E(key_2, d)]$，则称 E 是可交换加密函数。

根据代数学理论和 Diffie-Hellemn 假设，有如下结论。

对于 p 阶有限素域 Z_p^*，令 QR_p 表示 Z_p^* 中元素模 p 产生的二次剩余集合，则 $QR_p = \{1, 2, \cdots, q-1\}$，其中，$q = (p-1)/2$，$q$ 为素数且 QR_p 为循环群；当 $e \in QR_p$ 时，函数 $f(e, x) \equiv x^e \mod p$ 为可交换加密函数且满足 DDH 假设。上述函数的安全性证明参见文献[179]，在此不作赘述。

基于上述可交换加密函数，本书给出如下定理。

定理 1 设 Z_p^* 为 p 阶有限素域，QR_p 为 Z_p^* 中元素模 p 产生的二次剩余集合，函数 $f(e, x) \equiv x^e \mod p$ 为可交换加密函数，其中 $e \in QR_p$，对于 Z_p^* 中的任意元素 a, b 以及 QR_p 中的任意元素 u, v，有 $a = b$ 当且仅当 $f[v, f(u, a)] = f[u, f(v, b)]$。

证明：充分性。根据 f 的定义有 $f[v, f(u, a)] = (a^u \mod p)^v \cdot \mod p = a^{uv} \mod p$ 和 $f[u, f(v, b)] = (b^v \mod p)^u \mod p = b^{uv} \mod p$，因为 $a, b \in Z_p^*$ 且 g 为 Z_p^* 的生成元，不失一般性，设 $a = g^s, b = g^t$（$0 < s, t < p$），则 $f[v, f(u, a)] = g^{suv}$，$f[u, f(v, b)] = g^{tuv}$。如果 $a = b$，则 $a/b = g^s/g^t = g^{s-t} = 1$，因此 $(s-t) | p = 0$，又因为 $0 < s, t < p$，所以 $s = t$，因此 $f[v, f(u, a)] = f[u, f(v, b)]$。

必要性。如果 $f[v, f(u, a)] = f[u, f(v, b)]$，根据 f 的定义有 $f[v, f(u, a)] / f[u, f(v, b)] = g^{(s-t)uv} \mod p = 1$，因此 $(s-t)uv | p = 0$，因为 p 是素数，且 $0 < u, v < p$，故 $(s-t) | p = 0$，又因 $0 < s, t < p$，所以 $s = t$，由此可知 $a = b$，证毕。

根据定理 1，本书基于可交换加密函数设计安全两方比较协议。

其中，**协议 1** 为基于可交换加密的安全比较协议。

输入：Alice 和 Bob 约定的 p 阶有限素域 Z_p^*；

Alice 和 Bob 约定的可交换加密函数 $f(e, x) \equiv x^e \mod p$；

Alice 持有信息 a 和密钥 u，Bob 持有信息 b 和密钥；

a，$b \in Z_p^*$，u，$v \in QR_p$；

输出：$a = b$？

Step1: Alice 计算 $f(u, a) \equiv a^u \bmod p$ 并将 $f(u, a)$ 发送给 Bob；

Step2: Bob 计算 $f(v, b) \equiv b^v \bmod p$ 并将 $f(v, b)$ 发送给 Alice；

Step3: Alice 计算 $f[u, f(v, b)]$ 并将 $f[u, f(v, b)]$ 发送给 Bob；

Step4: Bob 计算 $f[v, f(u, a)]$ 并将 $f[v, f(u, a)]$ 发送给 Alice；

Step5: Alice 和 Bob 各自比较 $f[v, f(u, a)]$ 和 $f[u, f(v, b)]$，如果相等则 $a = b$，否则 $a \neq b$。

4.3.2　过滤冲突检查

在域间路由系统中存在如下事实：①自治系统在路由策略的控制下发布和接收 BGP 路由；②BGP 路由格式统一，便于分析，而路由策略的表达方式则多种多样；③大部分 BGP 路由是真实可信的。基于以上事实和协议 1，本章提出一种通过 BGP 路由来推测过滤冲突的方法，主要思想描述如下。

对于相邻自治系统 A 和 B，令 RT_A 表示 A 的 BGP 路由表，$ER_{A \to B}$ 表示使用 $EF_{A \to B}$ 过滤 RT_A 得到的 A 对 B 的 BGP 路由输出集合，$IR_{A \to B}$ 表示 B 的 BGP 路由表中来自 A 的 BGP 路由集合，A 和 B 按照协议 1 交换并比较 $ER_{A \to B}$ 和 $IR_{A \to B}$，如果不相等则表示 A 的路由输出策略与 B 的路由输入策略存在冲突，同法可判 A 的路由输入策略是否与 B 的路由输出策略冲突。

上述方法的正确性证明如下。

证明： 如果 $ER_{A \to B} \neq IR_{A \to B}$，则至少存在一条 BGP 路由 $r \in ER_{A \to B}$ 且 $r \notin IR_{A \to B}$，或者 $r \notin ER_{A \to B}$ 且 $r \in IR_{A \to B}$。前一种情况意味着 r 被 B 的路由输入过滤规则拒绝，后一种情况意味着 r 不是 A 向 B 输出的路由，因此，$EF_{A \to B} \neq IF_{B \to A}$，即 A 和 B 存在过滤冲突，证毕。同理可证 $ER_{B \to A} \neq IR_{B \to A}$ 的情况。

图 4.3 以伪代码的形式给出路由过滤策略冲突检查算法。

```
//A executes the following codes:
ER_{A→B} ← Export (EF_{A→B}, RIB_A);
For all r ∈ ER_{A→B} do
{
r* ← cEncrypt[ Key_A, Normalize ( r )];
Add( ER_{A→B}*, r* )
} //end of for
Send ( B, ER_{A→B}* );
//B executes the following codes:
IR_{A→B} ← Collect( RIB_B );
For all r ∈ IR_{A→B} do
{
r* ← cEncrypt[ Key_B, Normalize ( r )];
Add(IR_{A→B}*, r*);
} //end of for
Send (A, IR_{A→B}*);
// A executes the following codes:
Receive ( B, IR_{A→B}* );
For all ( r* ∈ ER_{A→B}* ) and not ( r* ∈ IR_{A→B}* ) do
IdentifyConflict( r*);
For all ( r* ∈ IR_{A→B}* ) and not (r* ∈ ER_{A→B}*) do
AlarmAttack( r*);
// B executes follow codes:
Receive ( A, ER_{A→B}* );
For all ( r* ∈ ER_{A→B}* ) and not ( r* ∈ IR_{A→B}* ) do
IdentifyConflict( r*);
For all (r* ∈ IR_{A→B}*)  and not (r* ∈ ER_{A→B}*) do
AlarmAttack( r*);
return ; //Finish
```

图 4.3 路由过滤策略冲突检查算法

CoRCC 方法在对 BGP 路由加密前，使用函数 Normalize 对其进行规格化，在最后计算交集时，如果发现某加密路由 $r* \in ER_{A→B}*$ 且 $r* \notin IR_{A→B}*$，则表示与该路由相关的输出/输入过滤规则存在冲突，因此通过函数 Identify

Conflict 标注冲突规则，如果发现某加密路由 $r^* \in IR_{A \to B}^*$ 且 $r^* \notin ER_{A \to B}^*$，则表示可能存在冒充 A 向 B 宣告虚假路由的某恶意节点，此时通过函数 Alarm Attack 产生告警信息。

4.3.3 决策冲突检查

由于路由优化目标和商业合同约束各不相同，自治系统在路由决策上存在差异是正常现象，但是当路由决策冲突形成环路时，则有可能导致路由持续震荡。因此，本书提出的决策冲突检查方法主要分析多个自治系统之间是否存在 BGP 路由无法收敛的可能。

根据 2.1.1 对 T.Griffin 方法的介绍可知，在一组自治系统之间不存在路由震荡的充分条件是没有竞争环（dispute cycle）。T.Griffin 方法在检查竞争环时需要公开各自治系统的 BGP 路由表和路由策略，并以此为基础构造有向竞争图，最后在有向竞争图中检查竞争环是否存在，这种做法违反了本书 4.2.2 提出的隐私保护约束，在实际情况中难以被 ISP 接受。为此，本书利用安全两方比较协议来判断是否存在决策冲突，并以此为基础给出一种更为简单的竞争环检测方法。

下面以图 4.4 为例说明 CoRCC 方法如何检查决策冲突。在图 4.4 中，存在一组自治系统节点 AS1～ASn，节点 ASi($1 \leq i \leq n$)在访问目标 d 时，总是优先选择顺时针方向的邻居向其发布的 BGP 路由。CoRCC 方法的处理过程描述如下。

Step1: AS1 向 AS2～ASn 发送竞争环检测请求，并约定使用的有限素域 Z_p^*，AS2～ASn 收到检测请求后，向 AS1 返回应答消息。

Step2: AS1 收到所有应答之后，构造竞争环检测消息 $M = \langle$OriginAS, DestAS, CheckPath, ConflictSet, TTL$\rangle$（各字段名称与用途见表 4.2 所列）并向去往目标 d 的下一跳发送，即 AS2。

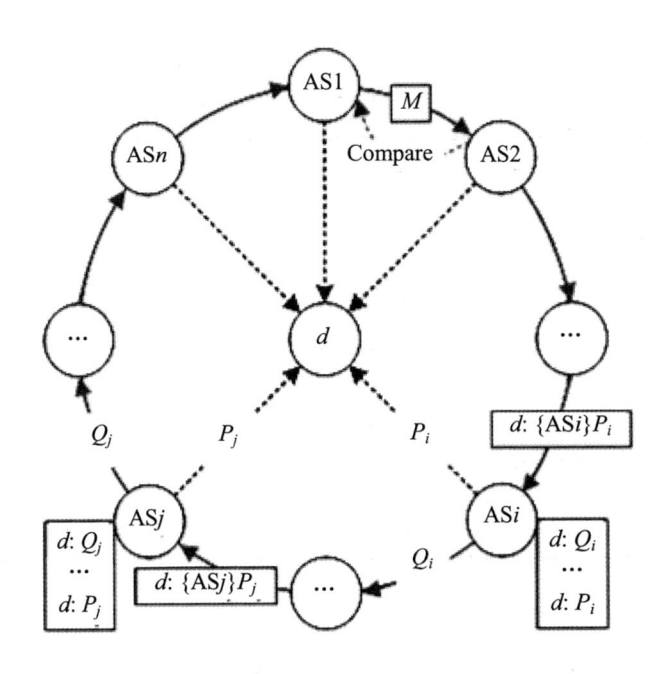

第 4 章　基于隐私保护的协同策略检查方法

图 4.4　路由决策冲突检查示意图

Step3: AS2 收到检查消息 M 时,使用 4.3.2 提出的安全比较协议与 AS1 去往 d 的 BGP 路由进行比较,因为彼此没有决策冲突,所以 AS2 向 M 的 CheckPath 字段中追加 AS2,将 TTL 减 1,然后将 M 发送给 AS3。

Step4: 依次类推至 ASi,此处存在决策冲突,AS(i−1)期望 ASi 去往 d 的 BGP 路由的 AS_PATH：$\{ASi\}P_i$,P_i 为剩余子路径,而 ASi 实际采用 BGP 路由的 AS_PATH 为 Q_i。ASi 与 AS(i−1)之间通过安全比较协议发现 P_i 不等于 Q_i,因此 ASi 向 M 的 ConflictSet 集合中加入〈ASi, AS(i−1)〉,同时向 M 的 CheckPath 字段中追加 ASi,将 TTL 减 1,然后将 M 发送给 AS(i+1)。

Step5: 依次类推至 ASj,此处 AS(j−1)和 ASj 存在分歧,处理方法与 Step4 同。

Step6: 依次类推至 ASn。此处,ASn 将 M 发送给 AS1。AS1 通过检查消息 M 的 CheckPath 字段形成环路,消息传递结束。AS1 进一步检查 M 的

ConflictSet 字段，如果冲突记录数大于或等于 2，则存在有向竞争环。

表4.2 竞争环检测消息字段说明

字段	名称用途
OriginAS	消息发起者，记录发起检查的源自治系统节点
DestAS	目标自治系统 AS 编号
CheckPath	检查节点路径，记录检测消息经过的自治系统节点
ConflictSet	策略冲突集合，记录存在决策冲突的自治系统节点，表示为 {⟨LastHop,NextHop⟩}
TTL	最长检查路径阈值。当路径长度超过最大阈值时，检查结束

上述方法的正确性由定理 2 保证。

定理 2 假设存在一组自治系统 AS1~ASn，ASi($1 \leqslant i \leqslant n$)在访问目标自治系统 d 时，总是优先选择 AS（$i+1$）mod n 向其发布的 BGP 路由，如果存在节点 ASi 和 ASj($1 \leqslant i,j \leqslant n$)，它们在选择去往目标 d 的 BGP 路由时，分别与节点 AS（$i-1$）和 AS（$j-1$）发生决策冲突，则自治系统 AS1~ASn 去往目标 d 的 BGP 路由无法收敛。

证明： 对于任意相邻节点 AS（$i-1$）和 ASi，若 ASi 收到来自 AS（$i-1$）的检测消息，表明 AS（$i-1$）优选 ASi 向其宣告的去往 d 的路由，并把 ASi 作为去往 d 的下一跳。因此，AS（$i-1$）去往 d 的路由依赖 ASi，记为 AS（$i-1$）⊖ASi，若在环路中至少包含两个分歧节点 ASi 和 ASj，则有 ASi⊖AS（$i+1$）⊖…⊖ASj。因为 AS1~ASn 构成环路，故有 ASj⊖…⊖AS1⊖…⊖ASi。假设 ASi 的初始路由状态为 S_i，ASj 的初始路由状态为 S_j，当 ASi 选择路由 r 作为去往 d 的缺省路由后，路由状态变为 S'_i 并且完成收敛。因为 ASj⊖…⊖AS1⊖…⊖ASi，故 ASj 的路由状态将从 S_j 变为 S'_j，进一步，由于 ASi⊖AS（$i+1$）⊖…⊖ASj，ASi 的路由状态将再次发生变化，至此震荡产生。证毕。

图 4.5 以伪代码的形式给出有向竞争环检测算法描述，表 4.3 则是使用图 4.5 算法检测图 2.1 中路由持续震荡模型时产生的检测消息序列。

```
//AS0 executes the following codes
Negotiate( ASSet ) ;
WaitforACK( ) ;
M ← InitMessage( ) ;
DestAS ← d ;
NextHop ← GetNextHop( DestAS, RIB₀ ) ; // RIB₀ : AS0's BGP routing table
M ← < AS0 , DestAS , {AS0} ,{ } , Sizeof( ASSet ) > ;
Send( NextHop , M ) ;
While ( not Timeout( ) ) do {
    M ← WaitToReceive( ) ;
    if ( M.OriginAS = AS0 ) and ( CountOfConflict( M ) ≥ 2 ) then {
        Alarm( ) ;
        return ;
    } // end of if
} //end of while
//ASi executes the following codes ( 0 < i ≤ n )
M ← WaitToReceive( ) ;
LastHop ← GetLastHop( M.CheckPath ) ;
if ConflictExist(ASi , LastHop ) then
    Append( ASi , LastHop , M.ConflictSet ) ;
M.CheckPath ← M.CheckPath + { ASi } ;
M.TTL-- ;
if ( M.TTL > 0 ) then
    NextHop ← GetNextHop(M.DestAS , RIBᵢ ) ;
else
    NextHop ← M.OriginAS ;
Send(NextHop , M ) ;
return ;
```

图 4.5 无信息泄露有向竞争环检测算法

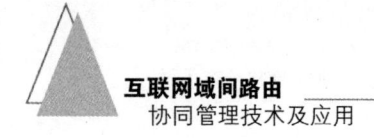

表 4.3 有向竞争环检测过程

步骤	检测消息	过程描述
1→3	[AS1, AS0, {1}, { },4]	AS1 向下一跳 AS3 发送检测消息
3→4	[AS1, AS0, {1,3}, {⟨1,3⟩} ,3]	AS3 收到检测消息后，与 AS1 进行策略比较并检测到冲突；AS3 向下一跳 AS4 发送检测消息
4→2	[AS1, AS0, {1,3,4}, {⟨1,3⟩,⟨3,4⟩} ,2]	AS4 收到检测消息后，与 AS3 进行策略比较并检测到冲突，AS4 向下一跳 AS2 发送检测消息
2→1	[AS1, AS0, {1,3,4,2}, {⟨1,3⟩,⟨3,4⟩,⟨4,2⟩} ,1]	AS2 收到检测消息后，与 AS4 进行策略比较并检测到冲突，AS2 向下一跳 AS1 发送检测消息

4.3.4 规格化与检测时机

- 路由决策规格化

在使用协议 1 进行策略冲突检测前，BGP 路由需被规格化，以便进行比较。BGP 路由包含了多种属性。图 4.6 为 Quagga 服务器的 BGP 路由表示意图。

本书选择 BGP 路由的网络前缀（Network）、路由路径（Path）作为比较对象，其中网络前缀以明文形式传输，而路由路径视为可变长度的字符串，然后通过可交换加密函数加密，如图 4.7 示例所示。

第 4 章 基于隐私保护的协同策略检查方法

```
route-views4.routeviews.org> show ip bgp
BGP table version is 0, local router ID is 128.223.51.15
Status codes: s suppressed, d damped, h history, * valid, > best, i - internal,
              r RIB-failure, S Stale, R Removed
Origin codes: i - IGP, e - EGP, ? - incomplete

   Network          Next Hop            Metric LocPrf Weight Path
*  2.0.0.0/16       194.85.40.15                          0 3267 30132 12654 i
*                   02.143.24.1                           0 29449 3269 6762 12654 i
*                   194.71.0.1                            0 48285 6939 30132 12654 i
*>                  129.250.1.248          593            0 2914 12654 i
*                   137.164.26.150                        0 19401 1103 12654 i
*                   64.57.29.241          1001            0 11537 6939 30132 12654 i
*                   198.58.5.127                          0 3727 2914 12654 i
*                   198.124.216.237                       0 293 20965 1103 12654 i
*  2.1.0.0/21       194.85.40.15                          0 3267 30132 12654 i
*                   82.143.24.1                           0 29449 3269 6762 12654 i
*                   194.71.0.1                            0 48285 6939 30132 12654 i
*>                  129.250.1.248          593            0 2914 12654 i
*                   137.164.26.150                        0 19401 1103 12654 i
*                   64.57.29.241          1001            0 11537 6939 30132 12654 i
*                   198.58.5.127                          0 3727 2914 12654 i
```

图 4.6　BGP 路由表示意图

Network	Next Hop	Metric	LocPrf	Weight	Path			
1.50.0.0/22	194.85.4.55			0	3277	3267	30132	12654

1.50.0.0/22	7587A17C 70860F52 B5E2F5E9 FDFFCACA 34D512CA 7865F257 8C6ADFEF 94AE11B3 596C9E8B EDF7DAE2 0B9OEE7B BAD742BF CDFC8368 D24ED7C0 39BAA36D B70C0F64 67F06D05 E218331B D3F2EFC1 C3F94796 D3AC9142 61841952 432B349E FB0D9BEA 3CB36DD6 12C454E9 81DC2071 09E989A5 1B2144BF DE337F5B 6F6A4EB2 95B2CCFF

图 4.7　BGP 路由规格化示例

● 路由震荡检测时机

为了减少不必要的开销，图 4.5 所示算法只在可能存在路由震荡时被激活，具体方法：所有自治系统 ASi 维护各自去往目标 d 的震荡路由列表 OR_i。当 ASi 去往 d 的最优路由 r 发生变化时，r 被加入 OR_i 中，当 OR_i 中的路由被撤销或被宣告作废时，并不立即从 OR_i 中删除，而是将其做好标记，并保留一段时间 t。如果在 t 时间内该路由重新有效，则删除其标志，否则将 r 从 OR_i 中删除，当 OR_i 为空时，不存在路由震荡，当发现 OR_i 不为空且超过时间 t 时，启动有向竞争环检测算法。

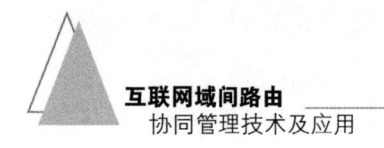

4.4 实验与评估

4.4.1 过滤冲突验证

由于 ISP 不对外提供直接的路由策略配置访问服务，本书使用 ISP 在 IRR 数据库注册的路由策略来验证 ISP 之间是否存在路由过滤策略冲突。本书使用的 ISP 路由策略数据来自 IRR 的镜像数据库 RADB[180]。因为向 IRR 注册路由策略是一种非强制行为，同 ISP 提交路由策略的详细程度有所不同，有的非常细致，有的则非常简单。图 4.8 给出了两种典型样例，其中 AS4848 给出了详细的路由输入 / 输出策略描述，而 AS4611 则没有。

```
aut-num:   AS4611
as-name:   CICNET-AS4611
descr:     China Internet Corporation
admin-c:   OF1-HK
tech-c:    OF1-HK
notify:    dbmon@hk.china.com
mnt-by:    MAINT-AS4611
changed:   hostmaster@apnic.net 950930
source:    APNIC
……

aut-num:   AS4848
as-name:   UNSPECIFIED
descr:     Super Telecom, Ltd.
descr:     Internet Access Provider servicing Hong Kong, China, US & Canada
import:    from AS701
           action pref 10;
           accept ANY
export:    to AS701
           announce ANY
admin-c:   AC661-AP
tech-c:    AC661-AP
notify:    dbmon@apnic.net
mnt-by:    APNIC-HM
changed:   aaron@hklink.net 951015
changed:   hm-changed@apnic.net 20041221
source:    APNIC
……
```

图 4.8　IRR 路由策略注册数据样例

本书实验的过滤冲突检查过程分两个阶段：数据预处理阶段和冲突检查阶段。

第一个阶段负责从 IRR 路由策略注册数据中提取路由输入/输出规则，将输入/输出规则抽象表示为五元组〈SourceAS，PeerAS，RuleType，AcceptSet，DenySet〉。其中，SourceAS 表示定义策略的自治系统；PeerAS 表示策略的作用对象；RuleType 表示策略类型，取值为 Import 或 Export；AcceptSet 表示被规则接受的自治系统集合；DenySet 表示被规则拒绝的自治系统集合。例如，〈AS11990，AS209，Export，{AS4927 AS11990 AS26402 AS32358 AS27379 }，{}〉表示自治系统 AS11990 向自治系统 AS209 输出来自 AS4927、AS11990、AS26402、AS32358 和 AS27379 的地址前缀路由，而〈AS11990，AS3356，Import，{AS3356}，{}〉则表示 AS11990 接受来自 AS3356 的所有地址前缀路由。

第二阶段利用规则五元组来检查自治系统之间是否存在过滤冲突。检查方法描述如下：

Step1： 收集输入/输出规则中的 SourceAS，构成节点集合 V。

Step2： 对于每一条路由输入规则 IR，检查是否存在路由输出规则 ER，满足 $ER.SourceAS = IR.PeerAS$ 并且 $IR.AcceptSet \supseteq ER.AcceptSet$。如果 $IR.PeerAS \notin V$，则说明 $IR.PeerAS$ 没有注册路由策略，记为 NoMatched；如果存在对应的 ER，则说明输入/输出策略匹配，记为 Matched，否则记为 DisMatched。

Step3： 对于每一条路由输出规则 ER，检查是否存在路由输入规则 IR，满足 $IR.SourceAS = ER.PeerAS$ 并且 $ER.AcceptSet \supseteq IR.AcceptSet$。如果 $ER.PeerAS \notin V$，则说明 $ER.PeerAS$ 没有注册路由策略，记为 NoMatched；如果存在对应的 IR，则说明输入/输出策略匹配，记为 Matched，否则记为 DisMatched。

本书使用上述方法分析了 RADB 数据库中提供的自治系统路由输入/输出规则，实验使用的数据时间范围从 2009 年 1 月 1 日至 2009 年 12 月 15

日。考虑到自治系统不会频繁修改路由注册数据，因此，每隔 15 天下载一次数据，共包括 24 个采样点。实验结果如图 4.9 所示。

从图 4.9 可以看出，由于很多自治系统没有向 IRR 注册路由输入／输出策略，导致部分注册的路由策略规则无法得到匹配验证。另外，自治系统向 IRR 注册的路由策略数据中普遍存在不匹配现象，这说明很多自治系统向 IRR 注册的路由策略与实际策略存在差异。这一点与文献[37, 48]的结论相同，也说明单纯通过 IRR 数据来分析自治系统之间的过滤策略冲突难以获得令人满意的效果。

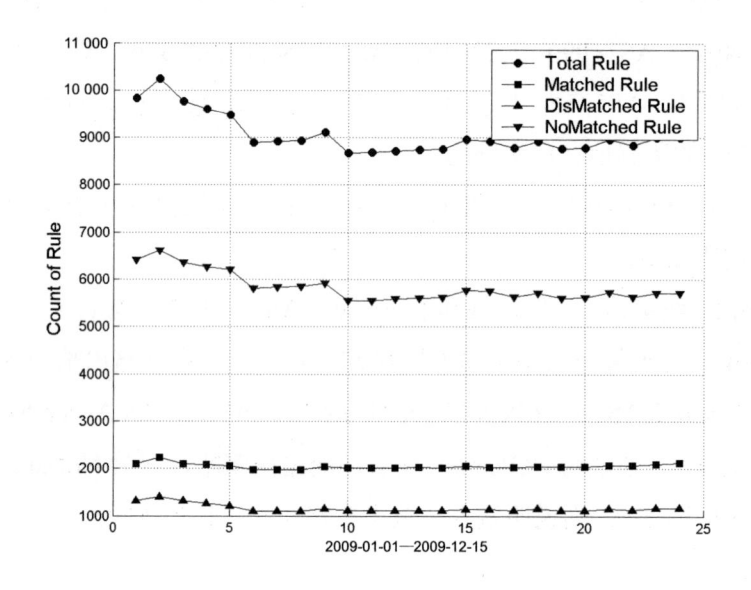

图 4.9　RADB 路由输入／输出过滤规则匹配情况统计

在 RADB 提供的自治系统路由策略数据中，RIPE、APNIC 和 Level3 的数据规模较大，其中 RIPE 由单独的镜像站点维护。本书选择 RADB 中规模前 10 名镜像数据库以及 RIPE 数据库的数据进行分析。表 4.4 给出了分析结果，括号中的百分比为当前规则数量在所有规则中的百分比。

表 4.4　IRR 路由输入／输出规则匹配 Top 10

Database	Total	NoMatched	DisMatched	Matched
Ripe	444 038	48 008（11.0%）	169 492（38.2%）	226 538（51.1%）
Apnic	21 920	14 905（68.0%）	2542（11.6%）	4473（20.4%）
Level3	10 823	7413（68.5%）	1028（9.5%）	2382（22.0%）
Easynet	4440	3188（71.8%）	408（9.2%）	844（19.0%）
Savvis	3508	2656（75.7%）	291（8.3%）	561（16.0%）
Arin	2640	1737（65.8%）	298（11.3%）	605（22.9%）
Nttcom	2375	1575（66.3%）	285（12.0%）	515（21.7%）
Altdb	1979	1253（63.3%）	194（9.9%）	532（26.8%）
Jpirr	658	460（69.9%）	67（10.2%）	131（19.9%）
Epoch	591	61（10.3%）	28（4.7%）	502（84.9%）
Bell	496	162（50.9%）	95（29.9%）	61（19.2%）

表 4.4 的结果表明，Ripe 提供的路由策略数据与 Apnic 和 Level3 等更为细致准确。具体表现：无法匹配（NoMatched）比例较低，而路由策略匹配（Matched）比例较高。这一结论与文献[37]在验证 BGP 路由与策略一致性时得到的结论一致。

4.4.2　决策冲突验证

为验证 4.3.3 节中提出的有向竞争环检测算法的有效性，本书借鉴文献[42]的思想构造如图 4.10 所示的网络拓扑，用于验证和检测 BGP 持续震荡。在图 4.10 中，AS100、AS101 和 AS102 为三台安装了 Quagga[181]路由软件的服务器。Quagga 提供了基本的 BGP 路由功能，另外在 AS100、AS101 和

AS102 上部署了 CoRCC 的原型系统，用于进行路由震荡检测和冲突检测。在图 4.10 的策略配置中，每台路由器在选择去往目标网络前缀 170.10.0.0 的路由时，都优先选择逆时针邻居的路由而拒绝通过顺时针邻居。图 4.11 为图 4.10 中每台路由器的 BGP 策略配置情况。

表 4.5 给出了 AS100、AS101 和 AS102 去往地址前缀 170.10.0.0 的 BGP 路由变化情况。通过表 4.5 可以发现，路由器 R0~R1 的 BGP 路由的下一跳（next hop）属性在反复变化，这是路由震荡的表现。

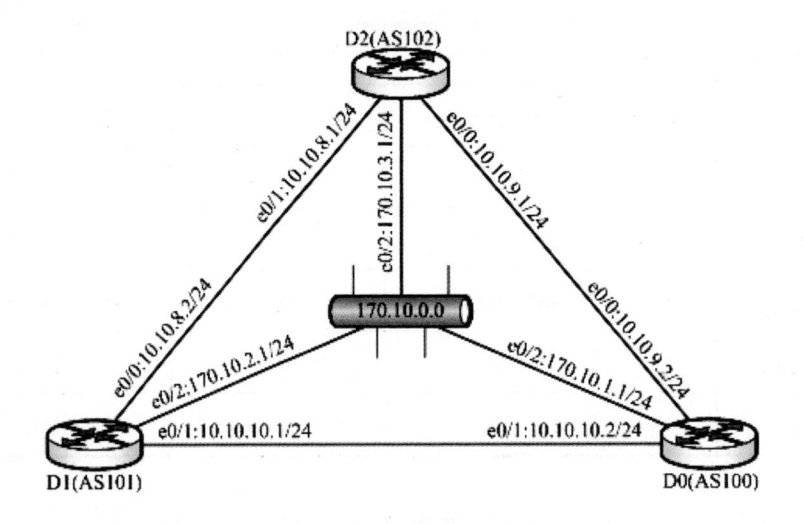

图 4.10 BGP 持续震荡实验拓扑图

```
! Router R0
...
router bgp 100
  network 170.10.0.0
  neighbor 10.10.9.1 remote-as 102
  neighbor 10.10.9.1 route-map AS102 in
  neighbor 10.10.10.1 remote-as 101

route-map AS102 permit 10
  match as-path 102
  set local-preference 200

ip as-path access-list 102 permit ^102$
...
```

```
! Router R1
...
router bgp 101
  network 170.10.0.0
  neighbor 10.10.10.2 remote-as 100
  neighbor 10.10.10.2 route-map AS100 in
  neighbor 10.10.8.1 remote-as 102

route-map AS100 permit 10
  match as-path 100
  set local-preference 200

ip as-path access-list 100 permit ^100$
...
```

```
! Router R2
...
router bgp 102
  network 170.10.0.0
  neighbor 10.10.8.2 remote-as 101
  neighbor 10.10.8.2 route-map AS101 in
  neighbor 10.10.9.2 remote-as 100

route-map AS101 permit 10
  match as-path 101
  set local-preference 200

ip as-path access-list 101 permit ^101$
...
```

图 4.11 BGP 持续震荡实验路由策略配置

表 4.5 路由器 R0~R2 的路由表变化情况

Router	Prefix	Next Hop	Metric	LocPrf	Path
R0	170.10.0.0	170.10.1.1		100	100
R1	170.10.0.0	10.10.10.2		200	101 100
R2	170.10.0.0	170.10.3.1		100	102
R0	170.10.0.0	10.10.9.1		200	100 102
R1	170.10.0.0	170.10.2.1		100	101
R2	170.10.0.0	10.10.8.2		200	102 101
R0	170.10.0.0	170.10.1.1		100	100
R1	170.10.0.0	10.10.10.2		100	101 100

4.4.3　性能对比分析

● 一致性比较

为便于描述，本书将直接比较路由策略的检查方法称为 CPI 方法（compare policy immediately method），将基于加同态公钥密码算法的检查方法称为 SMC 方法（security multi-party computing method）。本书提出的 CoRCC 方法与 CPI 方法和 SMC 方法相比，除了能够防止 ISP 策略隐私泄漏外，还具有更低的计算开销和通信开销，并且不需要引入茫然第三方，避免了第三方合谋攻击的可能性。

假设自治系统 A 和 B 的 BGP 路由表分别包含 n 条路由表项，根据 4.3 节给出的检测算法可知完成一次路由过滤策略冲突检查引起的计算开销（$CalCost$）和通信开销（$ComCost$）如公式（1）和公式（2）所示，其中 $Cost_e$、$Cost_c$ 和 $Cost_t$ 分别表示单次加密、单次比较和单次通信引起的开销。

$$CalCost = 2*n*Cost_e + 2*n^2 *Cost_c \quad (1)$$

$$ComCost = 2*n*Cost_t \quad (2)$$

因为在不考虑隐私保护的情况下，A 和 B 通过 CPI 方法检查策略冲突

的计算复杂性为 $O(n^2)$，所以本书将 $O(n^2)$ 作为算法计算复杂性的下界。另外，根据 2.1.1 小节的图 2.5 易知，使用 SMC 方法检查策略冲突的计算开销和通信开销如公式（3）和公式（4）所示。

$$CalCost = 2*n*Cost_e + n^2 *(Cost_d + Cost_a) \tag{3}$$

$$ComCost = n*Cost_t + 3*n^2 *Cost_t \tag{4}$$

通过上面的分析可以发现，与直接比较路由策略的算法相比，CoRCC 在提供 ISP 策略隐私保护的前提下没有导致计算复杂性增加。与基于加同态公钥密码算法的策略冲突检查算法相比，两者在计算开销上基本一致，都是多项式时间，但是 CoRCC 引起的通信开销为 $O(n)$，而后者引起的通信开销为 $O(n^2)$。这是因为使用加同态公钥密码算法比较任意一对策略时都会引起一次求和与解密。

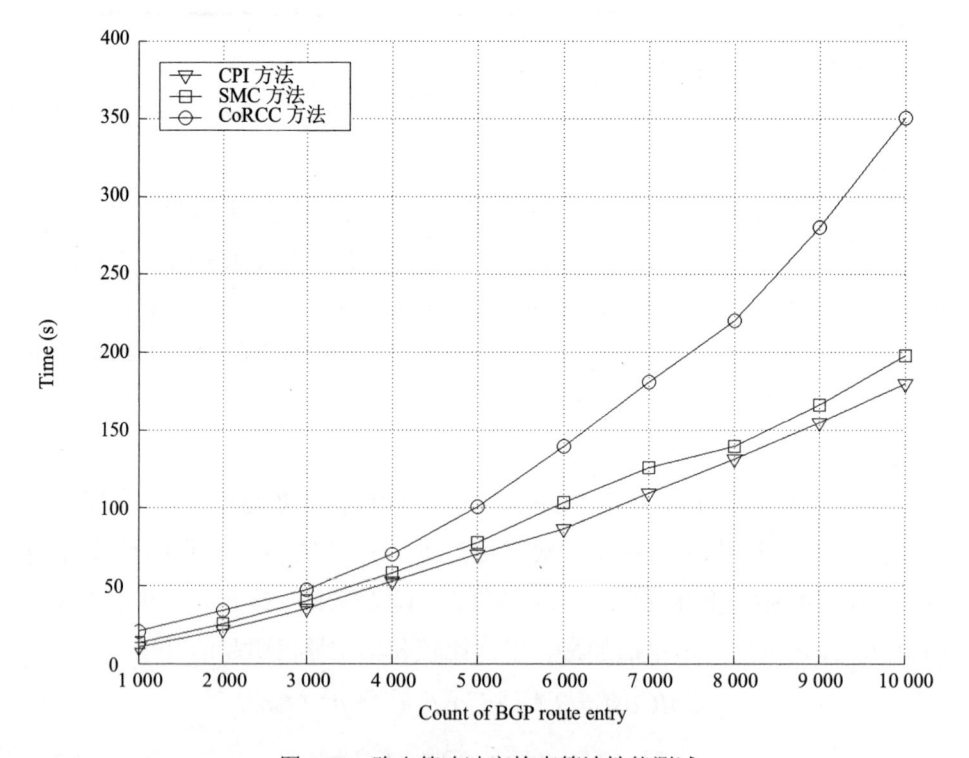

图 4.12 路由策略冲突检查算法性能测试

图 4.12 是使用模拟数据进行测试的实验结果，双方自治系统参与检测

的 BGP 路由数量从 1000 条增加至 10 000 条，纵坐标为等待时间，横坐标为路由表项计数。通过图 4.12 可以发现，SMC 方法的等待时间增长速度最快，这是通信开销迅速增加导致的结果；而 CPI 方法和 CoRCC 方法的等待时间与路由表数量之间基本呈线性增长关系，CoRCC 方法比 CPI 方法增加的等待时间用于加密计算。

● 有向竞争环检测

根据图 4.5 给出的有向竞争环检测算法可知，该算法的主要开销是检测消息在传递过程中引起的通信开销。为便于分析，将检测过程中涉及的所有路由作为节点集，监测消息的单跳传播路径作为边集，则检测消息的传播构成一棵如图 4.13 所示的消息传播树。当起始检测节点从本地震荡路由列表中的任意震荡路由出发，经过下一跳自治系统时，检测消息沿着发生冲突的路由继续传播；当预期路由与实际优选路由发生分歧的次数越多时，消息传播树的宽度越大；当被检测路由的 AS_PATH 越长时，消息传播树的高度越大，显然，树的边数越多，则通信开销越大。

$$LinkCount = MaxW * \frac{(1-MaxW^l)}{(1-MaxW)}, MaxW = \text{Max}(w_0, w_1, \cdots, w_l) \qquad (5)$$

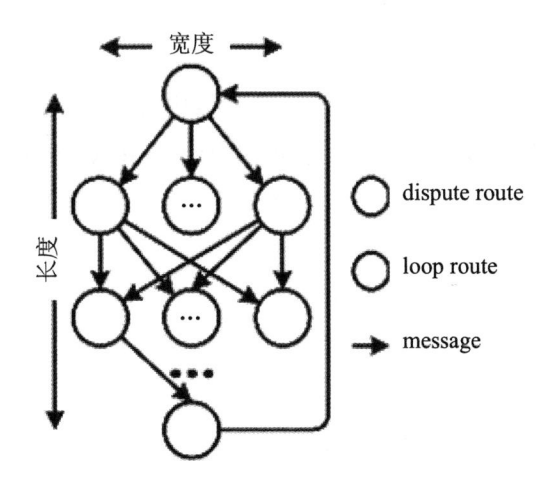

图 4.13 有向竞争环检测消息传播树

设被检测路由的 AS_PATH 长度为1,每一跳引起的分歧路由数为 w_i,则单次检测产生的消息传播树可能包含的最大传播边数如公式(5)所示。根据文献[15]于 2009 年 8 月 24 日公布的域间路由统计结果,域间路由表项的 AS_PATH 平均长度为 5.3943,最长的 AS_PATH 为 14,自治系统平均连接度数为 2.9486,并且90%节点的连接度数小于 10,由此可知公式(5)的平均边数约为 62,因此图 4.5 算法引起的通信开销是可以忍受的。

4.5 讨 论

本节讨论两个与 CoRCC 相关的问题。

(1)方法安全性

CoRCC 方法的安全性建立在离散对数假设和可交换加密函数的基础上,自治系统无法通过单次比较来推算出对方的路由策略,但是 CoRCC 方法无法防止恶意节点通过穷举的方法来推测自治系统的路由策略。为了防范穷举攻击,自治系统可以对策略冲突检查的次数和规模进行限制和动态调整。另外,CoRCC 方法要求参与策略冲突检查的双方在约定的有限素域中计算可交换加密函数,如果一方在非素域中计算可交换加密函数,则有可能解密对方的路由策略。因此,ISP 在使用 CoRCC 方法进行策略冲突检查时必须建立在彼此诚信的基础上。

(2)方法通用性

CoRCC 方法适用于多种需要比较隐私信息的协同管理应用,例如,自治系统在检测有谷底路由或虚假路由时,需要对照分析路由宣告者的 BGP 路由表;分布式入侵检测系统在分析协同入侵行为时,需要对照分析各入侵检测服务器的安全日志;彼此互联的网络系统在诊断网络访问故障时,需要对照分析各自防火墙安全规则;等等。根据 CoRCC 方法,只要将上述应用中对隐私信息的访问转化为安全比较操作就可以在不泄露隐私信息的情况下实现协同管理。

4.6 小　　结

自治系统的隐私数据访问是实现跨域协同管理的关键技术。本书提出的 CoRCC 方法能够在不违背 ISP 隐私保护约束的前提下实现路由策略的协同分析。与现有解决方案相比，CoRCC 方法具有以下四个优势：①能够在不暴露 ISP 路由策略的前提下实现策略冲突检查；②不需要引入第三方，避免了合谋攻击；③加 / 解密次数和通信开销分别减少 30% 和 50%；④具有良好的通用性，可用于策略冲突检查、路由有效性验证、路由策略协商等多种域间路由管理应用。

第 5 章

基于信息共享的协同路由监测方法

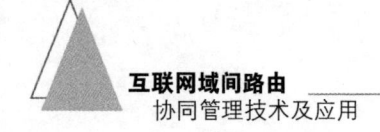

本章针对域间路由监测中单个自治系统监测能力不足的问题，提出了一种基于信息共享的协同路由监测方法——CoRVM。首先，利用路由监测信息的局部性和相关性设计一种信息共享机制，在该机制的作用下，ISP 能通过局部决策实现路由监测信息的按需共享，从而提高自治系统的路由监测能力；其次，基于该机制给出路由可信验证和虚假路由通知的具体办法；最后，通过实验验证和评估信息共享机制的有效性。

本章内容组织如下：5.1 节介绍研究动机和目标，5.2 节对路由监测信息共享问题进行抽象描述，5.3 节阐述路由协同监测中的信息共享机制和算法，5.4 节基于真实数据设计实验案例对信息共享机制的有效性进行评估和验证，5.5 节就一些相关的开放性问题进行讨论，5.6 总结本章。

5.1 动机与目标

在现有互联网环境下，由于缺乏全局协调组织机构和管理基础设施，集中式路由监测难以实施，而单个自治系统受信息隐藏性和局部性的制约，对虚假路由的识别能力不足。域间路由协同监测是指多个自治系统为实现共同的安全管理目标，对 BGP 路由的可信性进行分析和确认以及对虚假路由信息进行监视、收集、分析和通告的过程。路由协同监测的优势在于自治系统之间能够通过信息共享机制形成更为完整的监测信息视图，克服信息隐藏性和局部性的制约，进而提高单个自治系统对虚假路由的识别能力。然而，受激励性、信任、商业利益等非技术性原因的影响，在多自治系统之间实现信息共享依然是一个挑战性问题[182]。

现有监测信息共享方式包括集中式共享和分布式共享。集中式信息共享机制存在如下局限性：①服务中心的存储和通信开销巨大；②没有实现信息按需共享，自治系统需要从海量数据中提取对自身有用的信息，增加了处理开销和计算复杂性；③信息提供方无法预知信息使用方和使用目的，

第 5 章 基于信息共享的协同路由监测方法

为避免遭受攻击，信息提供方不保证信息的真实性和准确性。而现有分布式信息共享机制的不足在于：①信息提供方完全由使用方选择，缺乏信息的"推送"机制；②信息提供方与信息受益方是一对一关系，信息的有效覆盖率和传播速度低；③缺乏激励性，信息提供方难以通过对外共享信息获利。路由监测以及相关分析参见相关研究 2.2 节。

鉴于上述情况，本书设计了一种基于自组织信息共享机制的路由协同监测方法——CoRVM，通过建立完善的信息共享机制来消除实施路由协同监测的技术障碍，提升自治系统参与协同的积极性，并最终形成全局性的路由监测环境，提高域间路由系统对虚假路由的整体监测能力。

5.2 问题描述

本节首先描述路由监测信息共享问题，其次对后续内容将要用到的重要概念进行定义，并给出问题的抽象描述。

5.2.1 监测信息共享

路由监测信息是指在路由协同监测过程中，自治系统用于判定路由真实性的相关信息及自治系统产生的路由可信性验证请求以及虚假路由通知消息。路由监测信息共享是路由协同监测的核心问题，健全的信息共享机制不但能够克服单个自治系统的信息局部性，还能够有效抑制虚假路由的传播速度和危害程度。

在路由协同监测中，自治系统之间为了克服信息局部性，需要彼此协作，共同验证 BGP 路由的真实性和有效性。另外，当检测到虚假路由时，需要及时通知可能受到欺骗的自治系统，以免造成破坏。由于缺乏全局信息视图和调度中心，参与协同的自治系统面临如下问题：①如何选择能够验证指定路由可信性的自治系统；②如何确定可能受到虚假路由信息欺骗

的自治系统；③如何传播路由监测信息。本书将上述问题统称为路由监测信息共享问题。

路由可信包括源可信和路径可信。源可信是指路由宣告者所属的自治系统确实是路由前缀的所有者，路径可信是指 BGP 路由 AS_PATH 属性中记录的 AS 序列与路由真实的传播路径一致。为了验证路由可信，需要多方面的信息（本书简称为知识），如 AS 级别的网络拓扑图，自治系统之间的商业关系，网络流量的跟踪情况，等等。由于这些信息或者动态变化，或者涉及自治系统的商业秘密，因此难以在全网范围内公开。与此同时，由于自治系统之间往往对彼此掌握的知识范围缺乏了解，而逐个询问又会引起较大的通信开销，因此在路由验证时，往往难以确定哪些自治系统能够提供有益的信息。

虚假路由是指包含了不真实地址前缀或者传输路径的路由信息，为了抑制虚假路由传播，一旦发现需要及时通知相关自治系统，以防受到路由欺骗。然而，由于 BGP 路由信息的传播是受路由策略控制的，而自治系统的路由策略往往不对外公开。因此难以得知哪些自治系统会受到虚假路由信息的欺骗，而采用泛洪式广播虽然能够保证所有的自治系统感知到虚假路由信息的存在，但是由此引起的广播风暴会对网络性能造成影响。另外，自治系统参与协同监测会引起一定的管理和通信开销，为了提升自治系统参与协同的积极性，需要良好的激励机制。

图 5.1 给出了路由协同监测中的两个典型场景。在图 5.1（a）中，自治系统 $A \sim D$ 上部署了路由监测服务（协同路由监测采用渐进式部署，不要求在所有节点上部署路由监测服务），恶意自治系统 E 向 A 宣告去往 F 的虚假 BGP 路由（该路由并不存在），其 AS_PATH 为 $\{E, F\}$。A 在收到该路由后，可以通过询问其他自治系统来验证该路由的可信性，由于 F 是 C 的客户，C 根据已知的路由策略可知该路由不存在，并告知 A（为了降低复杂性，客户自治系统可以委托供应商监测自己的路由和前缀）。在图 5.1（b）中，E 向 A 宣告自己拥有地址前缀 P_1，对 F 进行前缀劫持攻击；同理，当 C 发现这一虚假信息时，将主动通知其他自治系统。

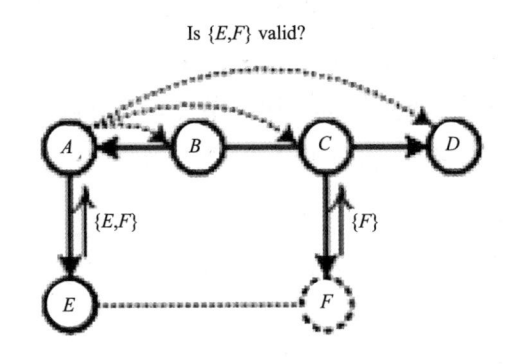

（a）协同路由验证

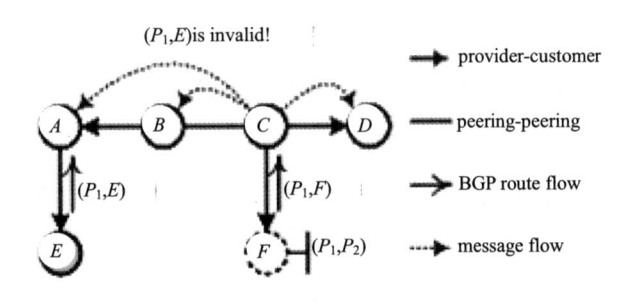

（b）路由劫持宣告

图 5.1 路由协同监测中的两个典型场景

综上所述，路由协同监测中的信息共享机制需要为参与协同的自治系统提供有效的启发信息、丰富的信息共享模式以及良好的激励机制。

5.2.2 主要概念定义

定义 1：信息主体。信息主体是指具备产生、认知和传播路由监测信息能力的自治系统。

信息主体可抽象表示为三元组：$\langle P, \Omega_P, \Pi_P \rangle$，其中 P 为信息主体的标识信息，Ω_P 为信息主体 P 产生和收到的监测信息集合，Π_P 为信息主体 P 产生、认知和传播监测信息时需要使用的各种本地知识集合。自治系统通

过部署在其内部的路由监测服务器来产生、认知和传播路由监测信息，信息主体特指部署了路由监测服务的自治系统。

定义2：感染节点、免疫节点、隔离节点。如果自治系统A收到虚假路由R且无法识别R，则称A为R的感染节点；如果A收到R且能够识别R，则称A为R的免疫节点；如果A无法收到R，则称A为R的隔离节点。

定义3：信息覆盖。对于信息主体P和监测信息X，若$X\in \Omega_P$，则称X覆盖P。

定义4：信息有效。对于信息主体P和监测信息X，若X的可信性能够被P验证（当X为路由可信性验证请求时），或者P是X的感染节点（当X为虚假路由通知消息时），则称X对P有效。

定义5：有效覆盖。对于信息主体P和监测信息X，如果X覆盖P且对P有效，则称X有效覆盖P，否则为无效覆盖。

定义6：最小有效覆盖子集。对于给定的信息主体集合S和路由监测信息集合M，如果存在$S_M\subseteq S$，对于任意$P\in S_M$，至少存在一个元素$m\in M$，使得m对P有效，并且对于任意$P\in S_M$，必不存在元素$m\in M$且m对P有效，则称S_M为S关于M的最小有效覆盖子集。

定义7：路由相关。假设存在两条BGP路由：R_A与R_B以及与之对应的路由监测信息M_A与M_B。如果满足如下条件之一，则称M_A与M_B路由相关，简称相关。

- R_A与R_B的目标前缀属于同一自治系统；
- R_A的AS_PATH与R_B的AS_PATH包含相同的子路径；

根据上述定义，路由协同监测中的信息共享问题可以描述为，对于给定的信息主体集合$S=\{P_1, P_2, \cdots, P_n\}$以及由信息主体$P_0$产生的路由监测信息集合$M=\{M_1, M_2, \cdots, M_m\}$，计算关于$M$的最小有效覆盖子集。

5.3 CoRVM 设计

本节利用路由监测信息存在局部性和相关性这一事实，针对路由协同监测中的关键环节，即路由可信验证和虚假路由通知，设计了一种基于自组织信息共享机制的路由协同监测方法——CoRVM。CoRVM 利用监测信息的相关性和信息"反射"行为产生路由监测信息的覆盖集合，具备动态学习能力，能够向最小有效覆盖子集收敛。此外，CoRVM 还具有激励性，能够促使自治系统参与协同。

5.3.1 局部性与相关性

BGP 是策略型路由协议，受 ISP 路由策略的控制，自治系统对外发布的 BGP 路由并不会被所有的自治系统收到，例如，在通常情况下，自治系统不会把自己服务提供商（provider）的路由发布给自己的对等方（Peering）。另外，并不是所有的自治系统都无法识别虚假路由的存在，例如，某地址前缀的合法拥有者及其服务提供商（provider）肯定可以识别由该前缀劫持者宣告的路由。根据 5.2.2 给出的定义 2 可知，在给定自治系统集合 S 的情况下，任意虚假路由 R 都可以将 S 划分为三个子集：感染节点子集、免疫节点子集和隔离节点子集。

对于给定的自治系统集合 S 和虚假路由 R，假设存在一条与 R 相关的路由监测信息 I_R，则仅需将 I_R 通知 S 中 R 的感染节点，这种特性称为监测信息的**局部性**。在图 5.1（b）中，当 E 向 A 宣告去往地址前缀 P_1 的路由 (P_1, E) 时，按照最短路径优先和客户路由优先原则，A 和 B 会优选 (P_1, E) 作为去往 P_1 的优选路由，此时 A 和 B 成为 (P_1, E) 的感染节点。由于 C 知道 F 是 P_1 的合法拥有者，因此不会受到欺骗，此时 C 是 (P_1, E) 的免疫节点。另外，C 不会向 D 宣告错误的去往 P_1 的路由，因此 D 成为 (P_1, E) 的隔离节点。

如果虚假路由 R_1 和 R_2 分别对给定自治系统集合 S 进行划分后得到的感染节点子集的交集不为空，则称关于 R_1 和 R_2 的监测信息具有相关性。通过分析 IRR[35]公开的自治系统路由策略可知，现有 ISP 大多在自治系统级别上制定路由策略，而属于同一自治系统的地址前缀在策略上不加区分。由于恶意路由攻击行为需要利用路由策略上存在的缺陷传播虚假路由信息，因此大多路由攻击行为也是针对自治系统级别设计的。因为自治系统拥有多个地址前缀，一旦某前缀受到攻击，则其他前缀也可能受到同一行为的攻击。利用监测信息的相关性，有助于构造虚假路由信息的感染节点集合。例如，在图 5.1（b）中，E 对地址前缀 P_1 和 P_2 实施的劫持攻击都是针对 F 的，因此这两次攻击引起的感染节点集合都包含 A 和 B，而 C 既能识别 E 对 P_1 的攻击，也能够识别对 P_2 的攻击。

通过监测信息的局部性和相关性可知：（1）与泛洪式广播相比，必然存在更高共享效率和更低通信开销的信息共享方式，使得无须将监测信息通知所有的自治系统；（2）历史路由监测信息与后续路由监测信息之间存在联系，能够为实现信息按需共享提供启发信息。

5.3.2 路由可信验证

BGP 协议没有提供验证路由信息是否可信的机制，为了避免虚假路由的传播，路由可信验证成为路由安全研究的重要问题。与 S-BGP[19]相比，ENCORE[39]、IRV[86]、DRAQ[87]等基于非加密方式的路由验证方法更具可实施性。本节通过与 IRV 方法进行对比来阐述 CoRVM 的核心思想。

IRV 方法在验证 BGP 路由时，选择 BGP 路由 AS_PATH 属性中包含的自治系统作为路由可信验证方，通过逐个询问的方式验证指定路由的可信性，这种做法存在盲点问题，并且由此引起的通信开销与验证路由数量呈线性增长关系。图 5.2（a）给出了 IRV 方法发送路由验证消息的过程：自治系统 A、B 和 C 均部署了路由监测服务，负责监测属于自己和自己客户的地址前缀路由，恶意自治系统 E 先后三次向 A 发送不同的去往前缀 P_1 的伪造路由，虚线箭头表示 A 发出的路由验证消息。由于 F 没有部署 IRV 服务，

因此 A 无法判别 $R_1 \sim R_3$ 的可信性。虽然 C 能够识别 $R_1 \sim R_3$（因为 C 负责监测 F 的路由，所以假设 C 知道 F 有哪些下游节点），但没有被包含在 R_1 的 AS_PATH 中，因此 A 不会请求 C 验证 R_1。图 5.2（b）给出了 CoRVM 方法发送路由验证消息的过程：自治系统 A 首先依次询问 B 和 C，并在 C 处得到 R_1 的验证应答，在验证 $R_2 \sim R_3$ 时，因为 $R_1 \sim R_3$ 彼此相关，所以优先向 C 发送验证请求，并得到关于 $R_2 \sim R_3$ 的验证应答。与图 5.2（a）相比，CoRVM 方法避免了盲点问题且无效通信次数更少。

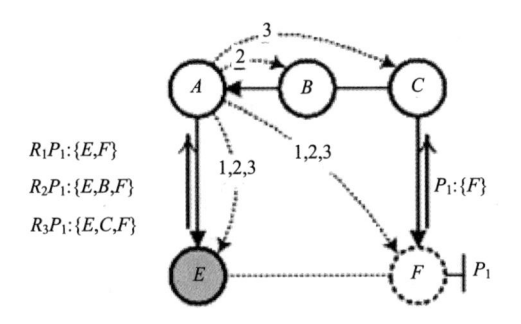

（a）IRV 方法发送路由验证消息的过程

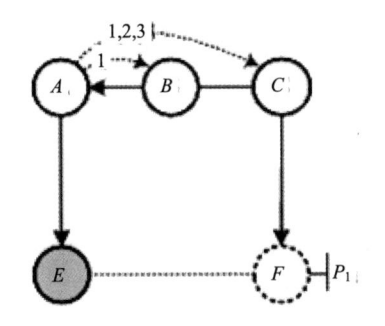

（b）CoRVM 方法发送路由验证消息的过程

图 5.2 IRV 与 CoRVM 方法发送路由验证消息的过程对比

考虑如下社会事实：当某人 A 需要咨询问题 X 但不知道应该问谁时，如果 B 曾经向 A 回答过与 X 类似的问题，则 A 会优先咨询 B；如果 C 曾经向 A 咨询过与 X 相关的问题，则 C 可能也知道谁能回答问题 X。受上述事实启发，CoRVM 按照如下原则发送和处理路由可信验证请求。

Rule1：如果在发送方本地存在由 P 返回的对 Rb 的可信验证结果，且 Rb 与 Ra 相关，则优先向 P 发送关于路由 Ra 的可信验证请求。

Rule2：接收方收到关于路由 Ra 的可信验证请求时，如果能够验证，则直接返回验证结果；如果接收方曾收到由 Q 返回的对 Rc 的可信验证结果，且 Rc 与 Ra 相关，则向发送方推荐 Q；如果不存在与 Ra 相关的路由验证结果，但曾经收到由 Q 发来的关于 Rd 的可信性验证请求，且 Rd 与 Ra 相关，则向请求者推荐 Q。

Rule3：对于已经发送路由可信验证请求的自治系统，则不再发送。

Rule4：在没有任何启发信息的情况下，逐个发送直至得到成功应答。

与 IRV 的验证方选择算法相比，CoRVM 以监测信息相关性及历史应答情况作为选择路由验证方的启发信息，同时增加了信息提供方根据历史知识主动推荐信息的机制。为避免引起循环推荐和收敛问题，监测信息携带传输路径，当传输路径过长或者出现环路时，将停止传播。

图 5.3 给出了使用 CoRVM 方法进行路由可信验证的三种典型案例。

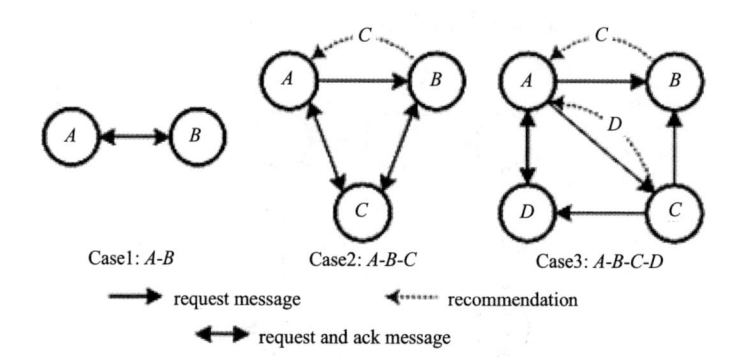

图 5.3　使用 CoRVM 方法进行路由可信验证的三种典型案例

Case1：自治系统 A 向自治系统 B 发送路由可信验证请求消息 M，B 能够验证 M 并直接返回应答。

Case2：B 无法验证 M，但 C 曾为 B 验证过路由可信验证请求消息 N 且 N 与 M 相关，则 B 向 A 推荐 C，A 进一步请求 C 验证 M，C 为 A 验证 M。

Case3：B 无法验证 M，但 C 曾经请求 B 验证路由可信验证请求消息 N 且 N 与 M 相关，则 B 向 A 推荐 C，由于 D 为 C 验证了 N，C 向 A 返回 D，

A 进一步请求 D 验证 M，D 为 A 验证 M。

图 5.4 以伪代码的形式给出了 CoRVM 方法中路由可信验证请求消息的发送方和响应方的处理算法流程。

```
//Applicant executes following code
newM ← InitMessage( ) ;
pSet ← BuildPSet( ) ;
for all ( m ∈ localMSet ) do   {
if isRelated( newM, m )    and
( m.authServer ≠ self )    then
{
if ( m.authStatus = yes ) then
addByOrder( m.authServer, serverSet ) ;
if ( m.authStatus = no ) then
addByOrder (m.authServer, applicantSet);
remove( m.authServer, pSet ) ;
} //end of if
} //end of for
authServerList ← buildSList( serverSet, applicantSet, pSet ) ;
authServer ← getFirst( authServerList ) ;
while ( authServer ≠ null ) do
{
while ( newM.status ≠ finished ) do
{
if ( length( newM.authPath ) > MaxLen ) or
( exist( authServer, newM.authPath ) ) then
break ;
appendPath( newM.authPath, authServer ) ;
send( authServer, newM ) ;
newM ← receive( authServer ) ;
if ( newM.status = finished ) then
return ;
if ( newM.authServer = null ) then
break ;
authServer ← newM.authServer ;
} //end of inside while
authServer ← getNext( authServerList,
         authServer ) ;
} //end of outside while
return ;
```

```
//Responsor executes following code
newM ← receive( anyApplicant ) ;
if ableToAuth( newM.route ) then
{
newM.authStatus ← auth ;
newM.authResult ← authRoute( ) ;
newM.authServer ← self ;
send( anyApplicant, newM ) ;
return ;
} //end of if
for all ( m ∈ localMSet ) do {
if  isRelated( newM, m ) and
( m.authStatus = yes ) then
addByOrder(        m.authServer, serverSet ) ;
if ( m.authStatus = no ) then
addByOrder( m.authServer, applicantSet ) ;
} //end of for
authServer ← getFirst( serverSet ) ;
if ( authServer ≠ null ) then
{
newM.authServer ← authServer ;
send( anyApplicant, newM ) ;
return ;
} //end of if
authServer ← getFirst( applicantSet ) ;
if ( authServer ≠ null ) then
{
newM.authServer ← authServer ;
send( anyApplicant, newM ) ;
return ;
} //end of if
return ;
```

（a）路由可信验证请求消息发送方　　（b）路由可信验证请求消息响应方

图 5.4　路由可信验证算法

图 5.4 所示路由可信验证算法中使用的部分变量和函数功能描述参见表 5.1。

表 5.1 路由可信验证算法中使用的部分变量和函数功能描述

名称	功能描述
newM	路由可信验证请求消息（消息格式描述参见 5.3.5）
pSet	所有能够提供路由验证服务的自治系统集合
localMSet	存储在本地的路由监测信息集合
serverSet	验证消息 M 的响应者集合
applicantSet	发送消息 M 的请求者集合
authServerList	候选验证服务器列表
addByOrder( )	按 m.authServer 在集合中出现的次数排序，次数多的靠前
buildSList( )	将 serverSet、applicantSet 和 pSet-serverSet∪applicantSet 中的自治系统依次加入候选验证服务器列表

5.3.3 虚假路由通知

在理想情况下，当自治系统监测到虚假路由时，需通知所有相关的感染节点，然而，由于无法得知哪些自治系统是感染节点，因此在 IRV 中没有主动通知的机制，而在 MyASN[76]、PHAS[78]和 Co-Monitor[84]中，也仅仅考虑通知前缀拥有者。为了提高路由监测信息的有效覆盖范围，CoRVM 增加了信息"反射"行为，利用相关性引导自治系统主动推送监测信息，主要思想是：当信息主体 P 从 Q 处收到虚假路由通知消息 X 时，如果 X 对自己有效，则产生一个有效回应，然后 P 搜索本地信息库中与 X 相关的信息形成信息集合 Ψ_X，对于所有属于 Ψ_X 的信息 Y，P 根据历史经验猜测 Q 是否

需要 Y，如果需要则将 Y 回送给 Q，然后使用同样方法猜测是否需要将信息 X 发送给集合 Ψ_X 中所有信息的源主体。

图 5.5 给出了 CoRVM 方法的信息反射过程示意图，其中实线箭头表示信息发送行为，虚线箭头表示信息反射行为，信息发送行为总是发送最新信息，信息反射行为总是反射历史信息。A 和 C 每轮依次产生一条彼此相关的虚假路由通知消息 $X_1 \sim X_3$ 和 $Y_1 \sim Y_3$，其中 $X_1 \sim X_3$ 对 B、C 有效，$Y_1 \sim Y_3$ 仅对 A 有效。在第一轮中，A 和 C 分别向 B 发送 X_1 和 Y_1；在第二轮中，由于 X_1 对 B 有效，所以 A 继续向 B 发送 X_2，当 B 收到 X_2 时，向 A 反射 Y_1，又因为 Y_1 对 B 无效，C 不再向 B 发送 Y_2；在第三轮中，A 继续向 B 发送 X_3，由于 Y_1 对 A 有效，A 将 X_3 同时发送给 C，当 C 收到 X_3 时，向 A 反射 $Y_1 \sim Y_2$。由此可见，利用信息反射行为能够帮助自治系统实现信息的按需共享。

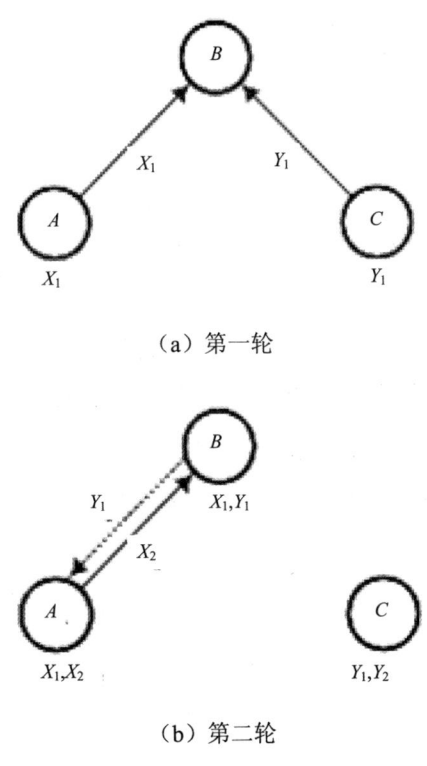

（a）第一轮

（b）第二轮

图 5.5 CoRVM 方法的信息反射示意图

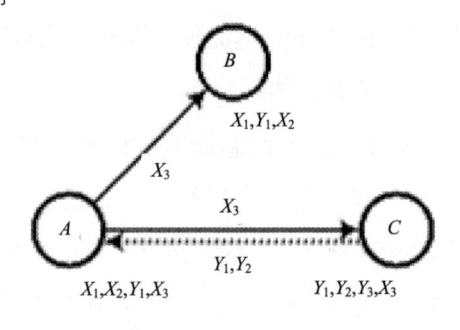

（b）第三轮

图 5.5　CoRVM 方法的信息反射示意图（续）

对于虚假路由 R 和自治系统 A，如果 R 出现在 A 的 BGP 路由表中，则 A 是 R 的感染节点，否则 A 是 R 的隔离节点。由于 A 不对外公开自己的 BGP 路由表，因此只有 A 自己知道是否感染了 R，所以当 A 收到虚假路由通知时，需要向信息提供者返回应答，告知信息提供者所收到的通知消息是否对自己有效。因为只有感染节点才需要虚假路由通知，为避免引起过多的无效覆盖，在发送虚假路由通知时，需要根据历史应答对本次将要发送的通知进行有效性猜测。

本书使用贝叶斯概率估计方法猜测虚假路由通知是否对目标自治系统有效，主要思想描述如下。

当信息主体 Q 向 P 发送了一组彼此相关的虚假路由通知消息 $\langle X_1, X_2, \cdots, X_m \rangle$ 时，将会从 P 处收到一组应答 $\langle ACK_1, ACK_2, \cdots, ACK_m \rangle$。若将该过程视为一个贝奴利实验，则对于消息 X_{m+1}，Q 向 P 返回的 ACK_{m+1} 取值为有效的概率服从 Beta 分布，其概率密度函数如公式（1）所示，X_{m+1} 对 P 有效的数学期望如公式（2）所示。在公式（1）和公式（2）中，Γ 为伽马函数，θ 表示返回应答为有效的概率，u 表示返回应答为有效的次数，v 表示返回应答为无效的次数，由于自治系统的路由策略和路由表都会随时间变化，因此只统计在过去 t 时间内的消息应答，当期望超过指定阈值时，X_{m+1} 被认为对 P 有效。

$$\text{Beta}(\theta\,|\,u,v) = \frac{\Gamma(u+v+2)}{\Gamma(u+1)\Gamma(v+1)}\theta^u(1-\theta)^v \qquad (1)$$

$$E[\text{Beta}(\theta\,|\,u+1,v+1)] = \frac{(u+1)}{(u+v+2)} \qquad (2)$$

上述方法具有自学习特性。在初始阶段，自治系统并未对外共享路由监测信息，将有效覆盖期望设为 0.5，当自治系统发现虚假路由时，将向所有其他自治系统广播，并接收从其他自治系统返回的有效覆盖结果，经过一段时间的运行，对于无效覆盖的自治系统，其有效覆盖期望值将低于阈值，此时，新的监测信息将不再向该自治系统发送，如果该自治系统重新对某类路由监测信息感兴趣，随着该自治系统对外宣告相关的监测信息，其在其他自治系统的有效覆盖期望值又会逐渐增加，当超过阈值时，该自治系统又能够收到来自其他自治系统的通知信息。

CoRVM 在计算路由监测信息对目标自治系统的有效覆盖期望时，将历史监测信息对目标自治系统的有效覆盖情况保存在信息覆盖矩阵中，其定义如下：CoverMatrix: MessageID×TargetAS → {NoCover, ValidCover, InvalidCover}，其中，MessageID 和 TargetAS 分别对应监测信息的 ID 和目标自治系统的 AS 编号，NoCover、ValidCover 和 InvalidCover 表示 ID 为 MessageID 的监测信息对 AS 编号为 TargetAS 的自治系统的覆盖情况。对于任意路由监测信息 M 和自治系统 A，如果 M 不属于 A 的本地路由监测信息集合（A.localMSet），则 M 对 A 的覆盖为 NoCover；如果 M 属于 A.localMSet，且 M 包含的地址前缀出现在 A 的 BGP 路由表中，则 M 对 A 的覆盖为 ValidCover，否则为 InvalidCover。

图 5.6 以伪代码的形式给出自治系统在获得虚假路由通知消息后的处理流程。

```
// Bogus route announcing code
newM ← receive( anyServer ) ;
if ( newM.Origin ≠ slef ) and isValid Cover( newM ) = false then
{
sendACK( invalid, newM.Origin) ;
return ;
} // end of if
relatedMset ← buildRelatedMset( newM, localMSet ) ;
for all ( m ∈ relatedMset ) do
{
if ( newM.Origin ≠ slef ) and [ cover(m, newM.Origin) = false ] then
{
sendACK( valid, newM.Origin ) ;
prob ← getBayesProb( m, newM.Origin, related Mset, Cover Matrix ) ;
if ( prob > minSendProb) then reflection( m, newM.Origin ) ;
} //end of if
if ( m.Origin ≠ slef ) and [ cover(newM, m.Origin) = false ] then
{
prob ← get Bayes Prob( newM, m.Origin, related Mset, Cover Matrix ) ;
if ( prob > min Send Prob ) then reflection( newM, m.Origin ) ;
} //end of if
} //end of for
result ← receive Ack( any Server ) ;
updateCover Matrix( result, Cover Matrix ) ;
update( newM, local MSet ) ;
return ;
```

图 5.6 虚假路由通知消息接收处理算法

5.3.4 有效性、激励性及性能分析

（1）有效性分析

有效性是指对于给定的信息主体集合 $S = \{P_1, P_2, \cdots, P_N\}$ 及路由监测信息集合 $M = \{M_1, M_2, \cdots, M_m\}$，CoRVM 产生的路由监测信息覆盖集合能够

在有限时间内向 S 关于 M 的最小有效覆盖子集收敛。

根据定义 2，对于任意监测信息 M_i，必然存在对 S 的划分：$D_S = \langle X, Y, Z \rangle$，其中 X 为感染节点集，Y 为免疫节点集，Z 为隔离节点集。如果 M_i 被发送给 X 中节点的概率能够逐渐大于被发送给 Y 和 Z 中节点的概率，则最终产生的监测信息覆盖集合会向最小有效覆盖子集收敛。假设在初始阶段，M_i 被发送往 X、Y 和 Z 的概率相等，分别为 $Prob(M_i \rightarrow X)$、$Prob(M_i \rightarrow Y)$ 和 $Prob(M_i \rightarrow Z)$，则

Case1：如果 M_1 被送往 X，则为有效覆盖，由于 M_2 与 M_1 相关，根据信息反射原理，M_2 也会被送往 X，依次类推，对于所有 $M_i(1 < i \leq m)$，都有 $Prob(M_i \rightarrow X)$ 大于 $Prob(M_i \rightarrow Y)$ 和 $Prob(M_i \rightarrow Z)$，因此得到 S 关于 M 的最小有效覆盖子集。

Case2：如果 M_1 被送往 Y 或 Z，则为无效覆盖，根据公式（2）可知 M_2 被送往 Y 或 Z 的概率将减小，依次类推可知必然存在 $M_k(1 < k \leq m)$，满足 $Prob(M_k \rightarrow X)$ 大于 $Prob(M_i \rightarrow Y)$ 和 $Prob(M_i \rightarrow Z)$，至此，对于所有后续的 $M_j(k < j \leq m)$，皆有 $Prob(M_j \rightarrow X)$ 大于 $Prob(M_i \rightarrow Y)$ 和 $Prob(M_i \rightarrow Z)$，由 Case1 可知，最终可以得到一个 S 关于 $M - \{M_k\}$ 的最小有效覆盖子集。如果将 M_k 之前的过程视为算法的学习过程，则当 M 包含的监测信息数量远远大于 k 时，这个学习过程可以被忽略，M 近似等于 $M - \{M_k\}$。

路由监测信息在传播过程中通过传输路径限制消息的传播长度和避免出现环路，使用覆盖矩阵记录信息的覆盖情况，对于已经覆盖的自治系统不会重新覆盖，这就保证了路由监测信息不会被无穷尽传递。由于自治系统的路由策略是相对稳定的，因此对指定虚假路由监测信息的有效性判定相对稳定不变，而 S 与 M 都是有限集合，因此，算法会在有限时间内结束。综上可知，CoRVM 方法产生的 S 关于 M 的覆盖集合能够向最小有效覆盖子集收敛。

（2）激励性分析

激励性是指自治系统对外发布虚假路由监测信息的积极性。根据文献

[183]的研究结果,信息个体对外共享信息的动机在于能够从中获益。在 CoRVM 方法信息反射机制的作用下,自治系统对外提供的有效路由监视信息越多,收到的反射信息也会越多,对虚假路由信息的识别能力也会越强。对于一个自私的信息主体,如果不主动对外提供有效的信息,也将难以得到其他信息主体的信息。另外,因为只有有效信息覆盖才会触发信息反射,信息主体为了降低不必要的开销会主动抑制无效信息覆盖行为,从而保证整体通信开销较小。

(3)性能分析

根据文献[15]提供的路由统计数据,目前 BGP 路由 AS_PATH 属性的平均长度约为 5.3943,最大长度为 15。这意味着每条虚假 BGP 路由经过的感染节点数量有限,由此产生的路由可信验证请求和虚假路由通知消息数量也有限。域间路由系统拓扑结构具有幂律特性[184],大部分 ISP 往往在路由上依赖少数的大型 ISP,一些小型的 ISP 可以委托上游的大型 ISP 为自己监测路由,而不需要在自身部署 CoRVM,这就减少了节点的数量,从而降低通信开销。因为在互联网环境下的信息传播与获取具有小世界特性[185],任何节点产生的路由监测信息经过有限次数传递可以得到一次有效覆盖,这也保证了无效通信开销会处于一个较低的范围。

5.3.5 消息格式与传输控制

在 CoRVM 方法中,自治系统之间通过路由监测消息进行交互,路由监测消息用于封装路由可信性验证请求以及虚假路由通知,路由监测消息主要包括如下字段:〈MID, Origin, Route, AuthStatus, AuthResult, AuthServer, Path〉,其中 MID 是路由监测信息的唯一标识;Origin 是产生消息的源主体,使用自治系统的 AS 编号表示;Route 是需要验证或者通告的 BGP 路由;AuthStatus 表示路由可信验证状态,取值为 0 表示未验证,取值为 1 表示已验证;AuthResult 表示路由可信验证结果,取值为 0 表示未知,取值为 1 表示可信，取值为 2 表示不可信；AuthServer 是提供路由可信验证结果的自治系统，取值方式与 Origin 相同；Path 表示消息传播路径，记录消息在传递过程中经过的信息主体序列。

路由监测消息在传递过程中遵循如下原则：（1）消息传播路径长度超过阈值的不继续传递；（2）对于路由监测消息已经覆盖的信息主体，不再重复覆盖。

5.4 实验与评估

5.4.1 性能评估标准

本节给出三个性能指标用于评价 CoRVM 方法的信息共享效率，分别是：信息有效覆盖率、信息主体收益率以及当信息有效覆盖率达到指定阈值时产生的通信开销。为了便于描述，假设信息主体集合为 $S = \{P_1, P_2, \cdots, P_n\}$，路由监测信息集合为 $\Omega = \{\Omega_1, \Omega_2, \cdots, \Omega_n\}$，其中 Ω_i 为信息主体 P_i 的本地路由监测信息库，Ω 中共包含 m 条监测信息。所有信息主体集合中的节点按照 CoRVM 方法共享和传递路由监测信息。

信息有效覆盖率（α）用于检验 CoRVM 能否实现信息的按需共享。信息有效覆盖率越高表明路由监测信息对感染节点的覆盖率越高，路由协同监测效果越好，其计算方法如公式（3）所示。函数 Cover: $\Omega \times S \rightarrow \{0, 1\}$ 表示信息 M_i 是否覆盖信息主体 P_j，如果 M_i 覆盖 P_j，则返回 1，否则为 0；函数 Valid: $\Omega \times S \rightarrow \{0, 1\}$ 表示信息 M_i 对信息主体 P_j 是否有效，如果有效，则返回 1，否则返回 0。

$$\alpha = \frac{1}{m} * \sum_{i=1}^{m} \left[\sum_{j=1}^{n} Cover(M_i, P_j) * Valid(M_i, P_j) \bigg/ \sum_{j=1}^{n} Valid(M_i, P_j) \right] \quad (3)$$

当信息主体向其他主体发送路由监测信息时，根据反射机制，会从其

他信息主体获得更多的路由监测信息,本书将这些反射回来的信息视为信息主体的收益。信息主体收益率(β)是指信息主体通过信息反射获得的有效信息在本地路由监测信息库中所占的比例,其计算方法如公式(4)所示,函数 **Import:** $\Omega \times S \rightarrow \{0,1\}$ 表示信息 M_i 是否由 P_j 通过信息反射机制获得,1 表示真,0 表示假。

$$\beta = \frac{1}{n} * \sum_{j=1}^{n} \left[\sum_{i=1}^{m} Import(M_i, P_j) * Valid(M_i, P_j) \bigg/ \sum_{i=1}^{m} Cover(M_i, P_j) \right] \quad (4)$$

通信开销(δ_Δ)用于衡量 CoRVM 在达到预期的信息有效覆盖率时总共发送路由监测消息的数量,为简化问题,本书使用路由监测信息的覆盖数量表示通信开销。通信开销的计算方法如公式(5)所示。

$$\delta_\Delta = \sum_{i=1}^{m} \sum_{j=1}^{n} Cover(M_i, P_j) \quad (5)$$

当上述三项指标计算公式的分母为 0 时,取值为 0。

5.4.2 性能实验方案

因为在 CoRVM 方法中,路由监测系统之间的通信建立在应用层协议上,所以本书忽略网络拓扑对路由监测信息共享的影响,并且假设任意两个路由监测节点之间均可达。基于此,设计如图 5.7 所示实验,$P_1 \sim P_n$ 表示部署了路由监测服务的自治系统,$M_1 \sim M_m$ 表示所有的路由监测信息。对于任意路由监测信息 M_i 以及 P_j,如果 M_i 有效覆盖 P_j,在 M_i 与 P_j 之间增加一条有效覆盖边(用实线箭头表示);如果 M_i 无效覆盖 P_j,在 M_i 与 P_j 之间增加一条无效覆盖边(用虚线箭头表示)。图 5.7(a)所示为每轮开始时状态,每条路由监测信息覆盖产生该信息的信息主体,图 5.7(b)所示为每轮结束时路由监测信息的覆盖情况。

AS6447[186]是 RouteViews[36]的 BGP 路由采集点,为保证路由监测信息的局部性和相关性,本书以 AS6447 于 2009 年 5 月 17 日提供的真实 BGP 路由为基础产生实验数据。实验过程描述如下。

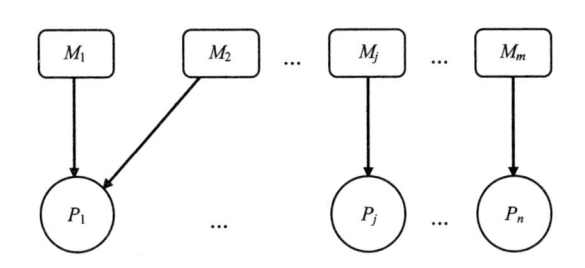

（a）信息覆盖初始状态

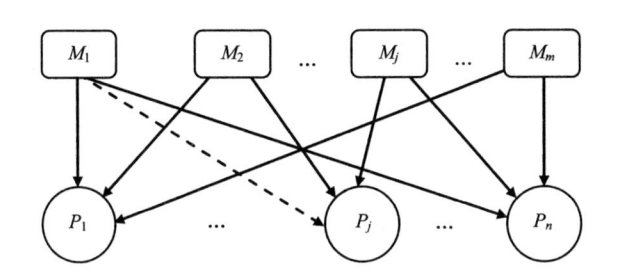

（b）信息覆盖最终状态

图 5.7　CoRVM 性能实验原理图

Step1：搜集 AS6447 的 BGP 路由 AS_PATH 中的 AS 节点，并根据其在 AS_PATH 中出现次数的多少按照降序排列，根据排列顺序依次选择前 n 名 AS 加入 S，n 的取值依次为 $\{200, 400, 600, 800, 1000\}$。

Step2：在 AS6447 的 BGP 路由表中随机选择 10 000 条 BGP 路由，并产生与之相关的路由可信验证信息和虚假路由通知。对于每一条路由 R，将 S 中距离 R 宣告者最近的节点设为该路由的验证服务器。

Step3：采用时间片轮转的方式运行 10 轮，每轮从 10 000 条 BGP 路由中选择 1000 条，并从 S 中随机选择节点作为路由监测信息的产生点，按照两种方法处理路由监测信息，一种是 CoRVM 方法，一种是 IRV 和 PHAS 的组合方法，按照 IRV 方法进行路由验证，按照 PHAS 方法发送虚假路由通知。

Step4：在每轮结束时，通过统计图 5.7（b）中的有效覆盖边和无效覆

盖边来计算有效覆盖率、信息主体收益和通信开销。

5.4.3 性能对比分析

图 5.8 是使用 CoRVM 方法得到的路由监测信息有效覆盖率变化曲线，横轴为迭代轮数，纵轴为信息有效覆盖率。图 5.8 的结果表明如下结论。

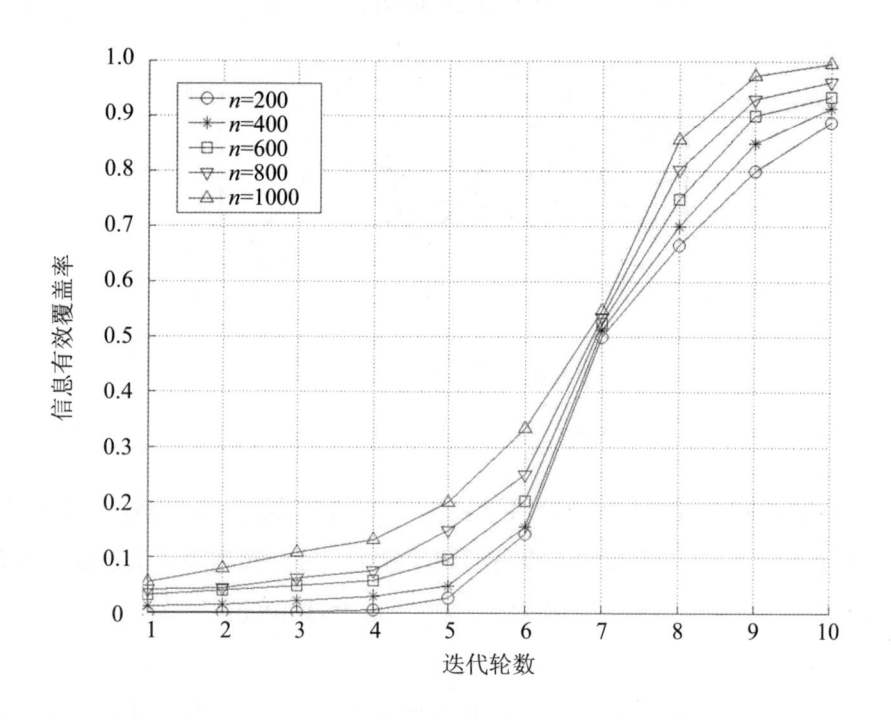

图 5.8　使用 CoRVM 方法得到的路由监测信息有效覆盖率变化曲线

（1）在指定自治系统集合的情况下，使用 CoRVM 进行路由监测信息共享，随着迭代轮数的增加，信息有效覆盖率会趋近 1，这表明 CoRVM 具有自学习性，能够利用信息相关性减少无效信息覆盖次数。

（2）信息主体数量的增加和迭代轮数的增加都会促使有效覆盖率向 1 收敛，其中迭代轮数的效果更为明显，这意味着只需要在一些主要的自治系统部署 CoRVM 方法，经过一段时间的学习就可以达到良好的效果。

图 5.9 是使用 IRV 和 PHAS 方法得到的路由监测信息有效覆盖率变化曲线，横轴为迭代轮数，纵轴为信息有效覆盖率。图 5.9 的结果表明：由于 IRV 只能沿 AS_PATH 验证路由，而 PHAS 在发现虚假路由时仅仅通知前缀的拥有者，这两方面限制了路由监测信息有效覆盖率的增长上限。虽然 IRV 服务器数量的增加会提升信息有效覆盖率，但这是因为扩大 IRV 服务覆盖范围导致盲点减少产生的后果。由于不具备学习能力，信息有效覆盖率基本上表现为常数，而 PHAS 的做法仅仅考虑了路由的宣告节点，不会通知其他感染节点，这也使得 PHAS 的信息有效覆盖率不可能趋近 1。

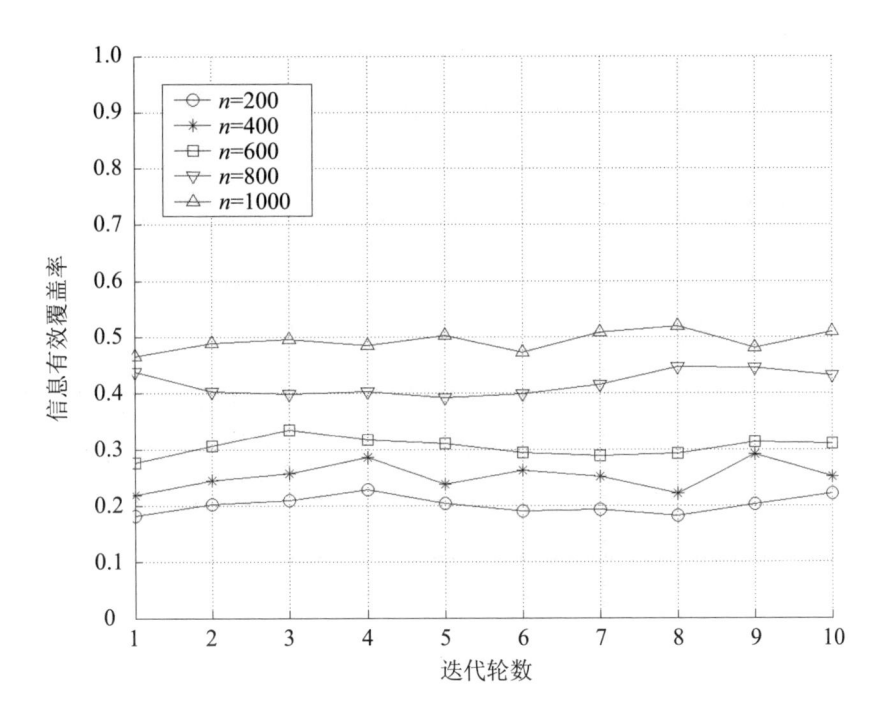

图 5.9　使用 IRV 和 PHAS 方法得到的路由监测信息有效覆盖率变化曲线

图 5.10 是使用 CoRVM 方法得到的信息主体收益率的变化情况，横轴为迭代轮数，纵轴为平均收益率。图 5.10 的结果表明如下结论。

（1）信息主体对外共享的有效信息数量越多，信息主体的收益率也越高，这表明 CoRVM 方法具有激励性。

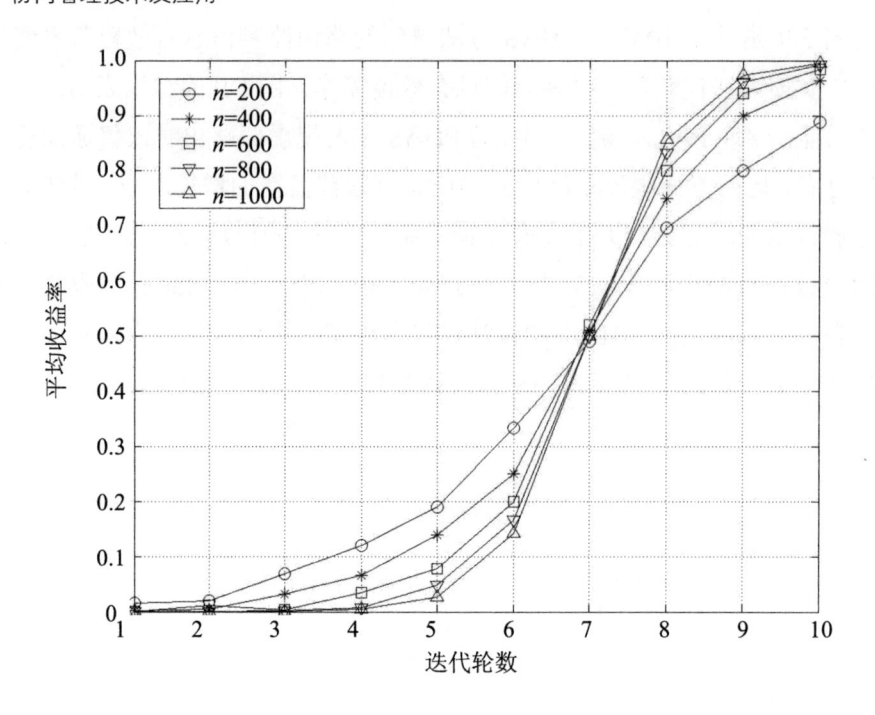

图 5.10　使用 CoRVM 方法得到的信息主体收益率的变化情况

（2）当监测信息数量较少时，因为信息有效覆盖率偏低，信息主体收益率的增长速度偏慢。随着信息有效覆盖率的上升，在信息反射机制的作用下，信息主体每次对外提供有效的监测信息时，都会收到反射回来的相关监测信息，此时信息有效覆盖率迅速上升，当信息有效覆盖率趋于 1 时，在信息共享环路避免机制和重复有效覆盖避免机制的作用下，信息主体收到的有效信息数量又开始降低。

（3）在迭代的头几轮，由于节点对外发送的路由监测信息过于分散，在有效覆盖率很低的情况下，信息主体收益率的增长速度缓慢，一旦信息有效覆盖率超过一定阈值，由于监测节点数量的优势，信息主体每次对外共享路由监测信息时，都会引起大量相关监测信息的反射，因此信息主体收益率的增长速度变快。

需要特别指出的是，图 5.10 的实验结果与路由监测信息的产生点有关，当路由监测信息集中产生在单一自治系统上,其收益率会明显偏低,因此该节点无法从别处得到对自己有益的路由监测信息,但这并不会影响 CoRVM 的有效性,因为这种情况表明攻击点非常集中,对协同管理的需求不大,即使信息主体不对外共享信息,也不会造成大的损失。另外,因为 IRV 和 PHAS 都没有信息反射机制,因此不需要评价主体收益率指标。

图 5.11 是使用 CoRVM 方法引起通信开销的变化情况,横轴为迭代轮数,纵轴为路由监测消息对信息主体的覆盖次数。

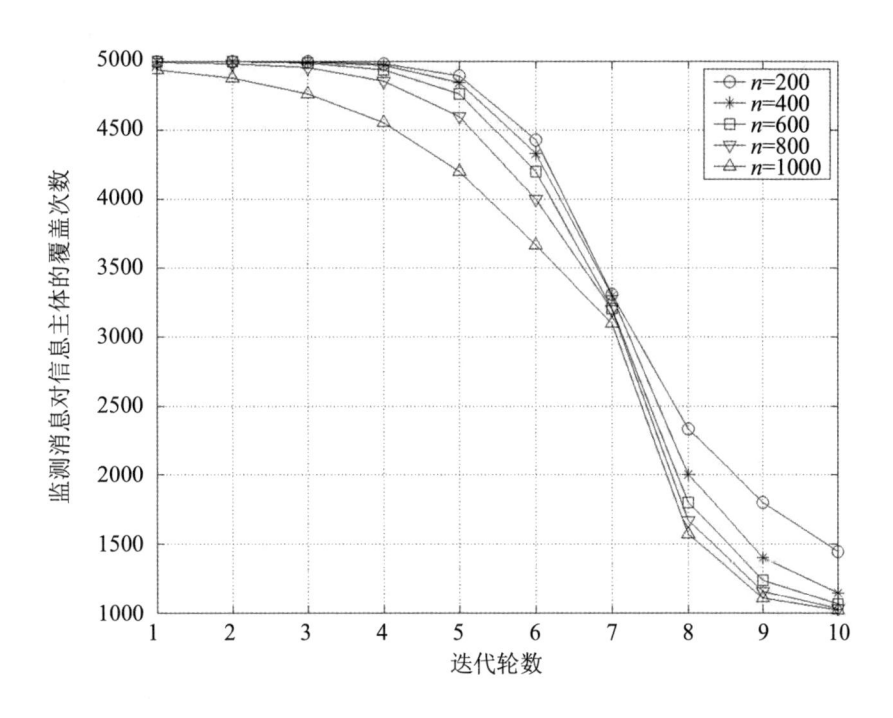

图 5.11 使用 CoRVM 方法引起通信开销变化情况

通过图 5.11 可知:

(1)在初始阶段,由于没有足够的启发信息,信息主体需要以 AS_PATH 为基础进行信息广播,因此单条路由监测消息会产生多次覆盖;

(2)随着迭代轮数和路由监测信息数量的增加,无效覆盖开始减少,通信开销增长速度开始变慢,这得益于信息有效覆盖率的提高;

（3）当信息主体数量偏多时，迭代轮数对减缓通信开销增长的效果更为明显，这得益于有效信息反射数量的增加。

图 5.12 是使用 IRV+PHAS 方法引起通信开销的变化情况，横轴为迭代轮数，纵轴为路由监测消息对信息主体的覆盖次数。通过图 5.12 可知：IRV 和 PHAS 方法引起的通信开销仅与部署节点的数量有关，与迭代次数无关。当节点规模较少时，路由 AS_PATH 中包含的 AS 节点可能没有被选入 S 集合中，因此 IRV 无法向这些节点发送验证请求。随着节点数量的增加，路由 AS_PATH 中包含的 AS 节点大部分被选入 S，此时 IRV 引起的通信开销开始增加。PHAS 方法在发现虚假路由时，只通知地址前缀的拥有者，由于 IRV 方法的有效覆盖率基本为常数，因此，PHAS 方法引起的通信开销也基本保持不变。

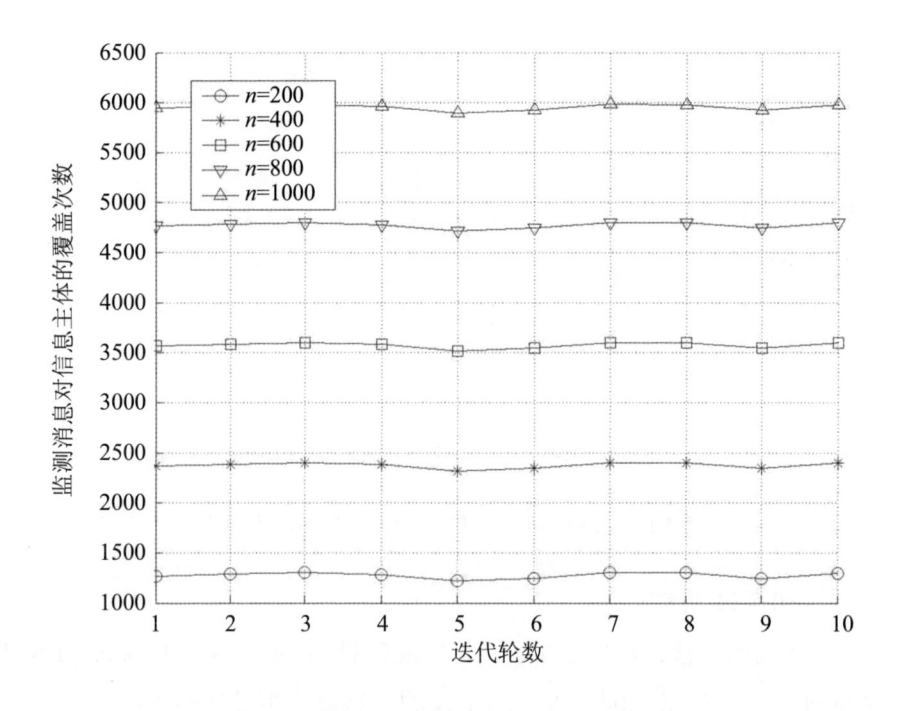

图 5.12　使用 IRV+PHAS 方法引起通信开销的变化情况

5.4.4 有效性验证

为验证 CoRVM 方法在路由协同监测中的有效性，构造如图 5.13 所示的路由协同监测模拟环境，在图中，MonitorA、MonitorB 和 MonitorC 为三台彼此互联的路由监测服务器，分别代表部署在自治系统 AS1239、AS7018 和 AS1221 中的路由监测点。实验从 RouteView 服务器下载了 2009 年 5 月 17 日零时的 BGP 路由数据，从中分离出了 AS1221、AS1239 和 AS7018 的路由表项，并对其中路由信息的有效性进行验证。

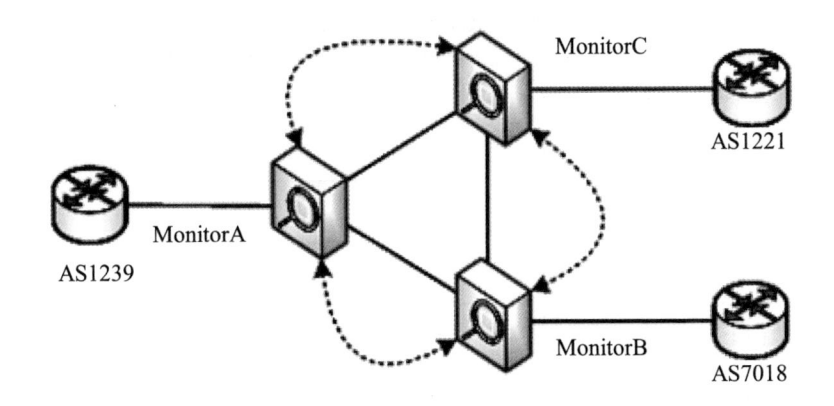

图 5.13 路由协同监测模拟环境

图 5.13 所示实验的结果见表 5.2 所列。

表 5.2 路由协同监测结果

AS 路径	路由总数	虚假路由	虚假路由比例
1221	239 801 个	4577 个	1.91%
1239	237 026 个	4073 个	1.71%
7018	237 334 个	4461 个	1.88%

在表 5.2 中，虚假路由包括前缀冲突路由（MOAS）和路径伪造路由。表 5.3 分别以地址前缀 121.54.128.0/24 和 117.16.32.0/24 为例进行说明。在表 5.3 中，有多个不同的自治系统同时宣告了地址前缀 121.54.128.0/24，另外，AS1239、AS1221 和 AS7018 去往前缀 117.16.32.0/24 的路由都经过 AS701，但在 AS701 的路由表中却没有到达 117.16.32.0/24 的路由项，因此该路由被视为路径伪造路由。单纯检查 AS1221、AS1239 和 AS7018 是无法发现表 5.2 所列的情况，由此可见基于 CoRVM 的路由协同监测方法在发现地址前缀冲突和路径伪造方面比单节点监测更具优势，这一点在 IRV 方法中也得到了证实。

表 5.3　前缀冲突路由与路径伪造路由示例

网络地址前缀	AS 路径
121.54.128.0/24	1239 701
121.54.128.0/24	3356 4927 4927 4927
121.54.128.0/24	7018 1239 23520 7137
121.54.128.0/24	1239 5511 17379
121.54.128.0/24	1221 4637 5511 17379
121.54.128.0/24	7018 5511 17379
117.16.32.0/24	3356 701 703 4249
117.16.32.0/24	1239 701 6389 6197

5.5　讨　论

本节讨论几个与 CoRVM 相关的问题。

第5章 基于信息共享的协同路由监测方法

（1）半诚实信任模型与 PKI 信任模型

CoRVM 采用半诚实信任模型，即假设信息主体不会恶意提供虚假路由监测信息，这一假设保证了信息反射不会引起过多无效的覆盖。这样的假设理由在于路由协同监测是 ISP 自发的行为，所有加入协同监测体系的 ISP 身份都经过了严格的认证，因此不会主动实施欺骗行为。另外，如果不考虑数字证书管理对信息可实施性带来的影响，也可以采用 PKI 信任模型。

（2）CoRVM 与 BGP

CoRVM 产生的路由监测信息能够为 ISP 管理人员维护 BGP 路由提供参考，但不会直接作用于 BGP 协议，因此 CoRVM 自身的安全性不会对 BGP 安全造成影响。另外，与安全路由协议不同，CoRVM 部署在应用层实施，不需要修改 BGP，因此 CoRVM 引起的信息交换和传播不会对 BGP 协议本身的性能造成影响。

（3）管理与部署

CoRVM 采用与 IRV 类似的部署方式，通过设立第三方管理中心对参与协同路由监测的自治系统进行登记，任何自治系统可以通过管理中心获取所有部署了 CoRVM 服务的节点。与 IRV 不同的是，CoRVM 允许位于接入层的小型 ISP 向上游 ISP 提供相应的虚假路由识别信息，并委托其代为实施路由监测。例如，委托其他 ISP 代为监测属于自己的地址前缀，这使得小型 ISP 无须部署 CoRVM，降低了 CoRVM 的部署规模。另外，CoRVM 在选择信息共享对象时，不单纯依赖 BGP 的 AS_PATH 属性，因此不要求在 AS_PATH 中包含的所有自治系统上部署，具有更好的渐进部署性。

（4）隐私信息保护

自治系统的 BGP 路由策略、BGP 路由表等属于 ISP 的隐私信息，不便对外公开。对路由可信性进行判定涉及隐私信息的访问，ENCORE、IRV 和 DARQ 等方法在设计信息共享机制时，均未考虑 ISP 隐私信息保护需求

对方案可实施性的影响，CoRVM将对隐私信息的访问转化为对路由可信验证结果的访问，不会引起隐私信息泄漏。

（5）系统局限性

CoRVM 的性能依赖路由监测信息的分布和变化，虽然路由监测信息存在相关性，但这种相关性不是绝对的，当路由攻击者的攻击对象过于分散时，CoRVM 的无效覆盖率会明显增加。另外，CoRVM 在没有启发信息时，会依次询问所有部署 CoRVM 服务的自治系统，因此在开始阶段信息有效覆盖率偏低，甚至不如 IRV。

5.6 小　　结

有效的信息共享机制是 ISP 实现域间路由协同监测的前提。本书提出的 CoRVM 方法利用了路由监测信息的局部性和相关性，通过引入信息"反射"行为来提高路由监测信息的共享效率。与现有解决方案相比，CoRVM 方法具有以下四个优势：①具有良好的自组织性，自治系统之间的协同不需要统一的调度管理中心；②具有良好的可扩展性，随着监测节点数量的增加，路由监测信息的有效覆盖率呈指数增长，无效通信开销呈指数减少；③具有激励性，自治系统对外共享的有效信息越多，自身收益越大；④适用于协同路由监测、协同入侵检测、抵御 DDos 攻击等多种协同管理应用。

第 6 章

基于信誉机制的协同路由防御方法

本章针对域间路由安全中的虚假路由问题，提出了一种基于信誉机制的协同路由防御方法——CoRSD。首先利用 ISP 的商业关系约束，设计自治系统路由信誉计算模型，该模型根据自治系统已宣告路由的真实性统计结果，采用后验概率分析方法计算路由信誉；其次结合域间路由系统拓扑结构的幂律特性，提出基于信誉联盟的组信誉管理机制；最后针对路由前缀劫持和路径伪造两类典型路由攻击行为，给出基于信誉机制的协同路由防御方法。

本章内容组织如下：6.1 节介绍研究动机和目标，6.2 节对路由信誉问题进行描述，6.3 节阐述 CoRSD 的信誉计算、管理模型以及应用方法，6.4 节通过实验对 CoRSD 的有效性进行评估和验证，6.5 节就一些相关的开放性问题进行讨论，6.6 节总结全章。

6.1 动机与目标

由于 BGP 在安全方面的脆弱性[166]以及 ISP 之间激烈的商业竞争，近年来发生了多起路由安全事件[169-174]，严重影响了互联网的可信、可控、可管能力。现有研究大多通过安全路由协议和路由监测来提高域间路由系统的安全防御能力。以 S-BGP 为代表的安全路由协议虽然能够保证 BGP 路由的真实，但是由于性能和部署等方面的原因，并没有在实际环境中使用。另外，安全路由协议并不能杜绝 ISP 的恶意路由行为。路由监测虽然能够发现已存在的虚假路由，但是没有形成良好的约束和激励机制，对抑制不可信路由的产生和传播缺乏明显的效果。

加强 ISP 路由行为的协同监督和自我约束对提高域间路由系统的整体安全能力具有重要的意义。首先，BGP 协议的简单信任模型对 ISP 规范自身路由行为缺乏激励性。所谓简单信任模型是指自治系统可以自由对外宣告地址前缀路由，并且总是无条件信任由其他自治系统宣告或转发的 BGP

路由。其次，ISP 之间在经济利益上的激烈竞争导致不可信路由的产生。然而，在现实网络运营过程中，ISP 之间的协同路由防御能力依然较弱，主要的协同方式还局限于管理员论坛、电子邮件等，缺乏 ISP 路由行为监督和评估的有效机制。

信誉机制作为一种协同监督手段，近年来被广泛用于解决电子商务和 P2P 应用中的诚信问题，在互联网环境部署信誉机制能够有效降低虚假信息的传播速度和抑制欺骗行为，提高系统的整体安全性[187]。现有基于信誉机制的安全方案大多针对 P2P 网络和无线网络，在域间路由安全方面缺乏成熟可用的成果（参见 2.1.4 和 2.2.4）。鉴于此，本书提出一种基于信誉机制的协同路由防御方法——CoRSD，通过设计符合域间路由系统自身特点的信誉机制来为自治系统的路由决策提供可信评估依据，为实现 ISP 路由行为的协同监督和自我约束提供有效技术手段。

6.2　问　题　描　述

6.2.1　路由可信评估

在现有互联网环境下，存在路由信息不可信现象。所谓路由信息不可信是指 ISP 传递的路由信息（包括网络前缀等路由属性）与实际网络物理拓扑不一致。路由信息不可信现象主要包括前缀劫持和虚假路由[32]，配置错误、恶意攻击和软件故障都可能引起路由信息的不可信。BGP 是一种策略型路由协议，在路由策略的控制下实施路由信息的宣告、传递和选择。由于 ISP 在配置路由策略时主要考虑商业关系的约束，缺乏评价路由是否可信的依据，因此难以通过路由策略来抑制不可信路由的传播。

信誉机制有助于解决路由可信评估问题。首先，信誉机制根据历史经验计算自治系统的信誉，并且用信誉评估未来路由行为的可信性，这就为

制定路由策略提供了参考依据。ISP在配置路由策略时，可以在不违背商业合同的前提下，根据自治系统的信誉来调整路由选择策略，优先选择由信誉良好的自治系统宣告的路由，过滤或抑制信誉不佳的自治系统宣告的路由，从而达到抑制恶意自治系统的目的。其次，路由攻击行为往往具有一定的连续性，而信誉机制具有反馈性，当攻击者连续宣告不可信路由时，其后续宣告的路由会因信誉下降而遭到其他自治系统的拒绝，从而避免造成不良影响。另外，信誉是各自治系统根据局部路由监测信息和知识对路由可信性做出的判断，而信誉计算需要多个自治系统的协同与交互，这就实现了局部路由监测信息和知识的隐式共享，有助于提高域间路由系统的整体安全能力。最后，域间路由系统具备建立信誉机制的基本条件[187]。例如：自治系统路由策略的制定受商业利益的驱动，具有显著的社会行为特征；自治系统作为构成信誉系统的成员，能够长期稳定存在；路由信息是否可信不仅是可以通过路由诊断和监测系统进行判定的客观事实，也是能够表征其宣告者未来路由行为是否可信的评估指标。

6.2.2 主要概念定义

信誉（reputation）在现实社会中被用于表达个体在群体心目中的诚信程度。文献[132]将信誉定义为，实体的信誉是指在特定的时段和上下文环境中，其他实体根据其历史行为表现得到的对其未来行为的期望。该定义强调了信誉的上下文相关性，指出了信誉的形成来源，同时也说明了信誉计算是为了根据实体的历史行为来预测其未来行为的可信性。基于上述理解，本书结合域间路由系统的自身特点，给出自治系统路由信誉机制的相关定义和约束说明。

定义1：直接评价。自治系统A对B的直接评价是指A根据对B历史路由行为的直接观察经验，对B未来路由行为可信程度的预期。

在本书中，自治系统A对B历史路由行为的直接观察经验是指，A从B学习到的历史路由集合中真实路由和虚假路由的统计结果，该统计结果由A

自己产生。由于在域间路由系统中，只有具有某种商业邻居关系的自治系统之间才会彼此交换路由，因此直接评价只存在于具有商业邻居关系的自治系统之间。

定义 2：路由信誉。路由信誉是对直接评价进行综合的结果。

在本书中，直接评价和路由信誉的取值被映射到实数区间[0, 1]，当自治系统的评价值为 1 时，表示评价值提供者认为由该自治系统宣告的路由完全可信，反之则表示完全不可信，评价值介于 0 和 1 之间则表示可信的程度。

定义 3：评价者、评价者和推荐者。被评价者、评价者和评价推荐者是指自治系统在路由信誉计算过程中可能担任的三种角色：当自治系统成为被评价目标时，它是被评价者；当自治系统计算被评价者的直接评价或者路由信誉时，它是评价者；当自治系统响应外来的直接评价或者路由信誉咨询时，它是推荐者。

图 6.1 为自治系统的路由信誉计算过程示意图。

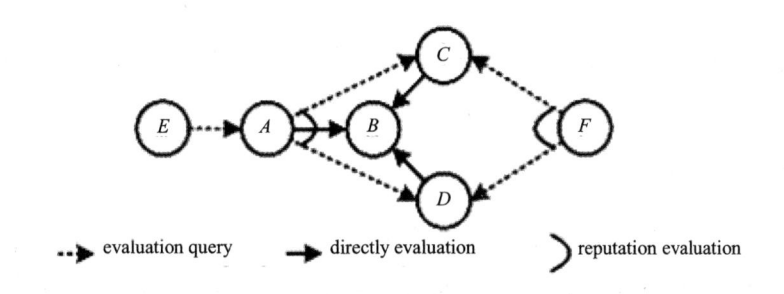

图 6.1　路由信誉计算过程示意图

图 6.1 中，自治系统 A、C、D 与 B 存在 BGP 邻居关系，对 B 的直接评价分别为 $D\_E_{A \to B}$，$D\_E_{C \to B}$，$D\_E_{D \to B}$。A 在计算 B 的路由信誉（$R\_E_{A \to B}$）时，向 C 和 D 咨询 $D\_E_{C \to B}$ 和 $D\_E_{D \to B}$，A 综合 $D\_E_{A \to B}$、$D\_E_{C \to B}$ 和 $D\_E_{D \to B}$ 得到 $R\_E_{A \to B} = D\_E_{A \to B} + D\_E_{C \to B} + D\_E_{D \to B}$。$F$ 在计算 B 的路由信誉（$R\_E_{F \to B}$）时，由于 F 和 B 之间没有邻居关系，所以 $R\_E_{F \to B} = D\_E_{C \to B} + D\_E_{D \to B}$。$E$ 在计算 B 的路由信誉时，因为信任 A，为了降低计算和通信开销，E 直接询问

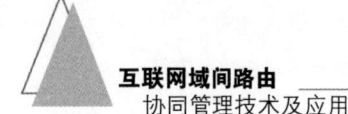

A 对 B 的信誉计算结果，此时 $R\_E_{E \to B} = R\_E_{A \to B}$。在计算 $R\_E_{A \to B}$ 和 $R\_E_{F \to B}$ 的过程中，A、C、D 和 F 是评价者，B 是被评价者，当 A 向 C 和 D 咨询关于 B 的直接评价时，C 和 D 是推荐者。在计算 $R\_E_{E \to B}$ 时，B 是被评价者，E 是评价者，A 则是评价推荐者。

定义 4：AS 信誉联盟。 AS 信誉联盟是一组彼此存在可达路由的 AS 节点按照自组织方式形成的集合，每个集合有一个盟主节点，盟主节点发起并创建联盟，同时负责计算和存储联盟成员的路由信誉，并响应其他自治系统的路由信誉咨询。

6.3 CoRSD 设计

6.3.1 计算模型

本节从直接评价计算、安全机制及路由信誉计算三个方面介绍 CoRSD 的计算模型。

（1）直接评价计算

直接评价计算是将历史交互经验转化为可信任程度的过程。文献[101]的研究结果以及 NANOG 的管理员邮件列表[14]中对错误路由的调查情况表明：不可信路由的出现具有随机性，但是一旦出现又会表现出一定的连续性。鉴于此，本书采用概率论的方法来定义直接评价的计算模型。

直接评价计算模型的设计思想为：将自治系统宣告的 BGP 路由是否真实视为二项事件，如果路由真实则为肯定事件，否则为否定事件。根据二项事件的后验概率分布服从 Beta 分布的假设[188]，当已知肯定事件次数和否定事件次数时，可以计算该自治系统下一次宣告真实路由的概率，并由此得到评价者对被评价者的直接评价。

第6章 基于信誉机制的协同路由防御方法

直接评价的具体方法描述如下：令 r_t 和 s_t 分别表示在过去 t 时间里自治系统 B 产生的肯定事件次数和否定事件次数，p 表示自治系统 B 下一次产生肯定事件的概率，则 p 的概率密度函数可以用伽马函数（Γ）表示为公式（1）[189]。根据公式（1）给出的概率密度函数，可以进一步得到 p 的数学期望计算表达式，如公式（2）所示。本书使用 p 的数学期望作为 A 对 B 的直接评价（$D\_E_{A \to B}$）。

$$\varphi(p \mid r_t, s_t) = \frac{\Gamma(r_t + s_t + 2)}{\Gamma(r_t + 1) * \Gamma(s_t + 1)} * p^{r_t} * (1-p)^{s_t}, \quad (1)$$
$$0 \leq p \leq 1, \ r_t, \ s_t \geq 0$$

$$D\_E_{A \to B} = E[\varphi(p \mid r_t, s_t)] = \frac{r_t + 1}{r_t + s_t + 2} \quad (2)$$

现有关于路由监测的研究表明，BGP 路由监测系统已经能够检测出大量的异常 BGP 路由[37,60,78,101]，如包含私有 AS 编号或存在环路的病态路由、前缀劫持和路径伪造路由等。因此，本书假设在计算直接评价时能够通过路由监测系统获得被评价自治系统发布的不真实或病态路由的列表和统计情况。在统计肯定事件次数和否定事件次数时，仅统计过去 t 时间内的情况，并且一旦发现自治系统发布虚假路由，则将肯定事件计数器（r_t）清零。这样做的原因：①BGP 路由是随着网络拓扑动态变化的，随着时间的推移，BGP 路由的有效性可能发生变化；②能够长时间稳定存在的路由更具可信任性；③使计算模型具有一定的时间遗忘效应，自治系统的路由信誉不会因为偶然的错误配置而长期受到影响；④惩罚恶意路由行为。

由公式（2）可知，直接评价的准确性依赖肯定事件计数（r_t）和否定事件计数（s_t）的取值，而路由监测系统能否提供准确的路由监测结果又往往依赖 IRR 数据库以及自身知识库的全面性和准确性。为此，本书引入可采纳度（τ）来反映直接评价的准确性，可采纳度的计算函数的定义如公式（3）所示。

$$\tau = \begin{cases} 1 - (1-\alpha)^n, & 0 \leq \mu \leq \alpha \leq 1 \\ 0 \end{cases} \quad (3)$$

在公式（3）中，可采纳度的取值范围是[0，1]，当可采纳度为 0 时，表示本次评价不值得采纳；当可采纳度为 1 时，表示本次评价值可以完全采纳；当可采纳度介于 0 和 1 之间，表示在使用直接评价计算路由信誉时，需要进行筛选。α 表示路由监测系统的准确度，取值范围也是[0，1]，由直接评价的推荐者提供，μ 为最低阈值，由直接评价的使用方提供，当 α 小于 μ 时，直接评价将被丢弃，n 表示推荐者提供的直接评价被采纳的次数，由直接评价的使用方统计。

（2）安全机制

CoRSD 的安全机制主要体现为对直接评价值和推荐者进行筛选。选择真实合理的直接评价值以及值得信赖的推荐者，可以保证路由信誉结果的真实性，避免评价者受到恶意推荐者的欺骗与合谋攻击。

● 直接评价筛选

直接评价筛选是为了剔除不真实的直接评价。不真实的直接评价包括偏高的直接评价与偏低的直接评价。例如，受路由策略的影响，某些推荐者可能没有收到被评价者发布的无效路由，从而对被评价者给出较高的直接评价；自治系统为了某种商业目的，故意贬低目标自治系统的直接评价。

CoRSD 在筛选数据时，采用索要证据的方法对评价值的有效性进行确认。根据公式（2）可知，在计算直接评价时，需要使用被评价者的否定事件计数（s_t）。如果路由监测系统监测到无效或者虚假路由，就会增加否定事件计数。本书将引起否定事件计数的 BGP 路由称为证据。当推荐者提供的直接评价小于 1 时，直接评价的使用者可以向推荐者索要证据并对证据的有效性进行验证。对于恶意评价者而言，制造这种证据是困难的。基于大多数自治系统都是诚实的这一假设，本书使用基于距离的离群检测算法确定离群点[190]。评价偏高的离群点直接丢弃，评价偏低的离群点则向提供者索取证据。基于上述分析，CoRSD 的数据筛选算法有如下步骤。

Step 1：将直接评价集合（S_{DE}）初始化为空集。

Step 2：将可采纳度（τ）大于或等于阈值（μ）的直接评价加入直接评

价集合。

Step 3：标识 S_{DE} 中的离群点，如果没有发现离群点则跳转 Step 5。

Step 4：对 S_{DE} 中所有的离群点（x）做如下处理。

① 若 x 是偏低离群点，则向该值的推荐者索取证据。若未收到有效证据，则视 x 为恶意推荐，将 x 从 S_{DE} 中剔除且推荐者的恶意推荐计数器（σ）加 1。

② 若 x 是偏高离群点，则直接从 S_{DE} 中剔除。

Step 5：返回 S_{DE}，算法结束。

● 推荐者选择

推荐者选择算法应该具备随机性、反馈性和收敛性。随机性是指在同等条件下，自治系统被选为推荐者的概率基本相同。反馈性是指自治系统被选为推荐者的可能性应该随恶意推荐行为的增加而减少。收敛性是指算法应该能够在有限时间内完成推荐者集合的构造。为防止和抑制合谋欺骗或恶意评价，评价者为每个推荐者维护一个恶意推荐计数器（σ），用于记录推荐者的历史恶意推荐次数。本书假设自治系统能够根据 BGP 路由表产生网络拓扑图[191]。在此基础上，直接评价推荐者选择算法有如下步骤。

Step 1：利用网络拓扑图生成满足如下约束的被评价者邻居节点列表（L）。

① L 中所有元素的 σ 均小于恶意推荐行为计数上限（$\sigma_{\max}$）。

② L 按 σ 作升序排列。

Step 2：若 L 为空，则跳转至 Step 6。

Step 3：将推荐者集合（RS）初始化为空集。

Step 4：若 RS 需要的元素个数（S_{RS}）大于 L 元素个数（S_L），则将 L 全部节点加入 RS，跳转至 Step 6。

Step 5：抽取 L 中的前 S_{RS} 个元素并加入 RS 中（若存在多个 σ 值相同的元素，则从中随机选取一个）。

Step 6：返回 RS，算法结束。

上述算法中，如果推荐者集合为空或元素过少，就可以通过降低 σ_{max} 的取值来增加推荐者集合元素的个数。

（3）路由信誉计算

CoRSD 采用对直接评价加权求和的方法计算路由信誉，根据推荐者的规模分配直接评价的权重。在域间路由系统中，自治系统的规模与其 BGP 邻居数成正比，因此本书使用自治系统的 BGP 邻居数，也称为连接度（AS Degree）作为衡量自治系统规模的指标。

CoRSD 采用加权求和的方法计算路由信誉主要基于如下考虑：①邻居节点越多的节点，其 BGP 路由表的规模也越大，路由监测系统的监测样本也更为完全；②连接度数越大的节点成为推荐者的次数也越多，如果该节点能够被推荐者选择算法选中，表示其产生恶意推荐的可能性很少，因此具有更高的可信性；③连接度数大的节点往往是大型 ISP，这些节点的网络管理水平较高，对不可信路由的监测能力也很强，而且为了争取更多的用户市场，这些节点会努力维护自身的可信形象，因此更值得信赖。基于上述理由，路由信誉的计算方法如公式（4）所示，其中，ω_i 表示第 i 个推荐者的 BGP 邻居数。

$$R\_E_{A \to B} = \sum_{i=1}^{n} \left[D\_E_{i \to B} * \left(\omega_i \bigg/ \sum_{i=1}^{n} \omega_i \right) \right] \tag{4}$$

6.3.2 管理模型

域间路由系统是一个规模庞大的复杂系统，在所有的自治系统上部署信誉机制不但会引起巨大的计算和存储开销，而且在具体实施上也面临极大的难度。文献[192,40]的研究表明，在部分自治系统群体之间部署路由安全机制，不但可以帮助群体成员实现安全路由，而且可以有效提高域间路由系统的整体安全能力。D.Watts 等人的研究表明，互联网的 AS 级拓扑结构具有较强的小世界特性和幂律特征[185]。根据 AS65000 的 BGP 数据统计[15]，截至 2007 年 3 月，最大的连接度数达到 2345，而有 95%的节点连接度数小于 50，90%的节点连接度数小于 10。同时，节点之间存在群聚现象，网络聚集系数为 0.025 8。到 2007 年 3 月时，互联网已使用的 AS 号超过 24 800 个，其中 84%的 AS 为 Stub AS。文献[193]指出，互联网的 AS 级拓扑存在富人俱乐部（rich-club）现象，高度节点之间存在较强的集团性，低度节点则具有较高的聚集系数。

基于上述考虑，CoRSD 采用 AS 信誉联盟来实现路由信誉的管理，通过自组织的方式将利益相关的自治系统组织在一起形成多个信誉联盟，通过联盟成员的局部协同来实现域间路由的整体防御。

AS 信誉联盟通过自组织的方法将众多自治系统划分成多个小群体。对于盟员节点来说，加入信誉联盟能够有效降低自身计算路由信誉的开销；对于盟主节点来说，加入信誉联盟能够聚集更多的自治系统，扩大自己的客户范围，是一种双赢的形式。在基于信誉联盟的信誉计算过程中，信誉评价的传递只经历一跳，盟主节点在众多盟员节点的监督下实施信誉评价推荐，具有很好的安全性。图 6.2 给出了 AS 信誉联盟的结构示意图，图 6.2（a）是未建立信誉联盟时的网络拓扑结构图，在图 6.2（b）中自治系统形成了 AA1、AA2 和 AA3 三个联盟，每个联盟由盟主节点负责创建，盟员按照自愿的原则加入或退出联盟，盟员可以同时属于多个联盟。通常情况下，盟主节点由一些枢纽节点担任。

基于信誉联盟的信誉计算方法描述如下。

Step 1：若评价者是盟主节点，则

① 若被评价者属于自己管理的联盟，则按 2.3 节的方法计算被评价者信誉；

② 若被评价者不属于自己管理的联盟，则以广播方式询问所有盟主节点，确定被评价者所属联盟，从被评价者所属联盟的盟主节点处获取被评价者的信誉；

③ 若被评价者不属于任何联盟，则按 2.3 节的方法计算被评价者信誉；

④ 跳转 Step 4。

Step 2：若评价者是盟员节点，则

① 向其盟主节点询问被评价者的信誉；

② 跳转 Step 4。

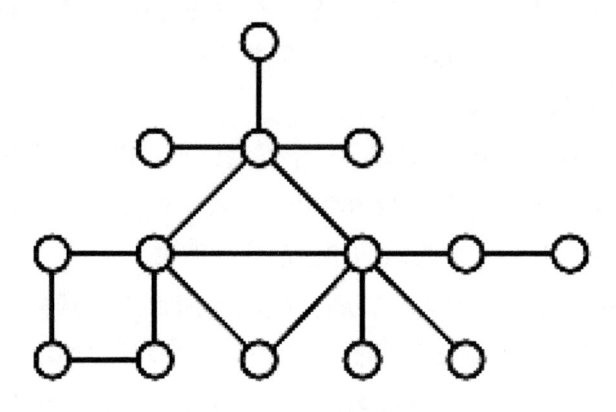

（a）AS 拓扑结构图

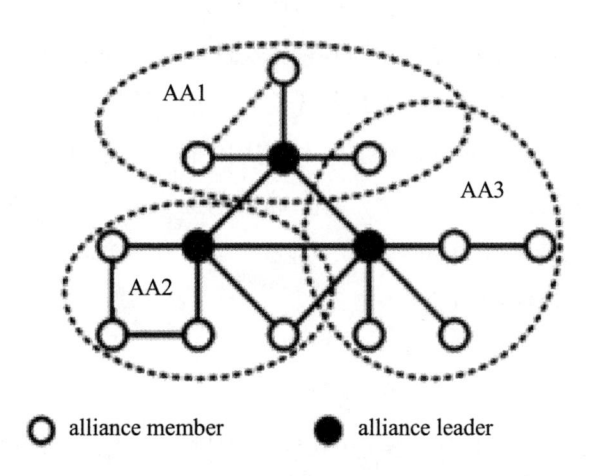

○ alliance member　　● alliance leader

（b）AS 联盟结构图

图 6.2　AS 拓扑结构与信誉联盟结构

Step 3：若评价者不属于任何联盟，则按 2.3 节的方法计算被评价者信誉。

Step 4：返回结果，计算结束。

信誉联盟的构建方法描述如下。

Step 1：盟主节点将盟员节点集合（AA）初始化为空集。

Step 2：盟主节点根据本地 BGP 路由表，选择与自己 AS_PATH 距离小于阈值 n 的自治系统，并向该自治系统发出加盟邀请。

Step 3：收到邀请的自治系统通过计算兴趣函数 Ins:s×r×d → 决定是否接受加盟邀请。函数返回 0 表示拒绝邀请，返回 1 表示接受邀请。s 表示邀请者规模，当邀请者的 BGP 邻居数小于自己的 BGP 邻居数时返回 0，否则返回 1；r 表示邀请者的推荐信誉，当邀请者的恶意行为推荐计数大于阈值（σ_{MAX}）时返回 0，否则返回 1；d 表示去往邀请者的优选 BGP 路由的 AS_PATH 距离，若大于指定阈值则返回 0，否则返回 1。

Step 4：盟主节点收到接受邀请的应答后，将应答者加入联盟成员名单中。

上述算法具有自组织特性，自治系统会选择值得信赖的联盟加入，有相同利益的自治系统会被组织在一起，信誉联盟能够随着自治系统之间商业关系的变化进行自我调整，具有良好的自我成长、自主演化能力。

基于信誉联盟的管理模型能够有效降低单个自治系统的信誉管理开销。假设在 n 个自治系统上部署路由信誉服务，当不使用 AS 信誉联盟时，单个节点对其他所有节点完成一次信誉计算引起的存储开销（RE.TSCost）和通信开销（RE.TCCost）分别如公式（5）和公式（6）所示，其中 DE.SCost、δ.SCost 和 RE.SCost 分别为单项直接评价、恶意推荐计数器以及路由信誉引起的存储开销，AvgD 是节点的平均邻居数，DE.CCost 表示咨询直接评价引起的通信开销。

$$RE.TSCost = (AvgD * DE.SCost + \delta.SCost + RE.SCost)*(n-1) \quad (5)$$

$$RE.TCCost = (AvgD * DE.CCost)*(n-1) \quad (6)$$

使用 AS 信誉联盟时（假设只有一个信誉联盟），盟主节点存储开销与通信开销不变，但盟员的存储和通信开销分别如公式（7）和公式（8）所示。

$$TSCost.RE = AvgD * DE.SCost + RE.SCost*(n-1) \quad (7)$$

$$RE.TCCost = AvgD * DE.CCost + RE.CCost*(n-1) \quad (8)$$

据 AS65000 的 BGP 统计数据，截至 2008 年 8 月 26 日，域间路由系统的自治系统总数为29 167个，平均每个自治系统的连接度数为3.2[15]。设每个变量占用的存储空间为4 B，则公式（5）的计算结果为606 652 B，而公式（7）的计算结果为209 995 B，存储开销降低了65%，公式（6）的计算结果为93 331次，而公式（8）的计算结果为29 169次，通信开销降低了69%。虽然盟主节点的存储开销和通信开销维持不变，但这是在假设只有一个信誉联盟的情况下。随着信誉联盟数的增加，这部分存储开销将被分散到多个盟主节点承担。

6.3.3 应用方法

网络地址前缀起源保护（prefix origin protection）和BGP路径保护（BGP path protection）[166]是域间路由安全防御的两个核心内容。前缀劫持和路径伪造是两种典型的路由攻击行为。本节介绍利用路由信誉预防和抑制恶意自治系统多次实施前缀劫持和虚假路由攻击的方法。

（1）前缀劫持防范

前缀劫持是指恶意自治系统通过宣告不属于自己的地址前缀路由来破坏网络连通性的攻击行为。将信誉机制与路由前缀劫持监测工具相结合，能够实现对前缀劫持行为的预防和抑制。基于路由信誉的前缀劫持防御方法描述如下。

Step 1：当前缀劫持监测工具监测到某邻居节点的前缀劫持行为时，向路由信誉代理提交虚假路由报告。

Step 2：路由信誉代理重新计算对该邻居的直接评价。

Step 3：当自治系统收到来自邻居节点的路由宣告消息时，做如下处理。

① 若发生地址前缀冲突，则优先选择由路由信誉高的自治系统宣告的路由；

② 若邻居的路由信誉低于阈值，则抑制该路由的传播，直到该路由被确认可信。

恶意节点如果连续实施前缀劫持攻击，将导致自己的路由信誉迅速下降，恶意节点发布的路由将被拒绝；如果该节点企图通过减少前缀劫持的次数，甚至发布真实路由来提高自己的信誉评价，就又会增加攻击开销，延长攻击时间。

（2）路径伪造防范

虚假路由是指BGP路由的AS_PATH属性与实际网络拓扑或者BGP路由的传播路径不一致。路由信息在传播过程中，如果AS_PATH属性被篡改，就会导致虚假路由的产生。利用路由信誉能够帮助自治系统识别和抑制虚假路由的传播。根据路由信誉的计算方法可知，有过路径伪造行为的自治系统的信誉值会降低，因此可以利用信誉评价来指导路由选择和转发，处理方法描述如下。

Step 1：自治系统 A 收到来自 AS1 的 AS_PATH 为 $\{AS1, AS2, \cdots, ASn\}$ 的路由；

Step 2：依次计算 AS_PATH 中自治系统的信誉评价值 $\{E\_R_1, E\_R_2, \cdots, E\_R_n\}$；

Step 3：若 $\text{Min}(E\_R_1, E\_R_2, \cdots, E\_R_n)$ 低于可信任阈值，则抑制该路由传播，直到该路由被确认有效，否则接受该路由。

6.4 实验与评估

6.4.1 模型有效性验证

为了验证CoRSD信誉计算模型的有效性和安全性，分别构造如下实验。

实验1：对于任意节点 ASx，假设 ASx 连续对外宣告100条BGP路由，其中，前50条为真实路由，后50条为虚假路由，每宣告一条BGP路由为

ASx 计算一次路由信誉。另外，假设 ASx 只有一个 BGP 邻居，则 ASx 的邻居对 ASx 的直接评价就是路由信誉。实验结果如图 6.3 所示。

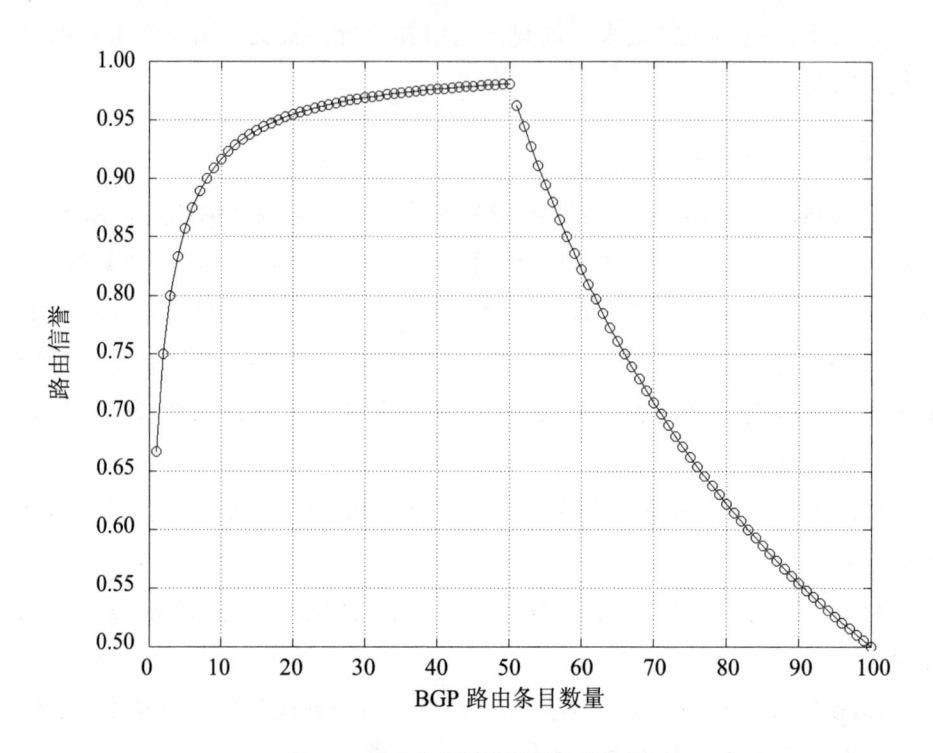

图 6.3　路由信誉计算模型有效性验证

从图 6.3 的曲线变化情况可知，CoRSD 的信誉计算函数 $f: r \times s \rightarrow [0, 1]$ 满足性质 $\lim_{s \to \infty} f(r, s) = 0$ 和 $\lim_{r \to \infty} f(r, s) = 1$，符合信誉计算模型的基本特点。使用该函数计算的路由信誉能够反映目标自治系统对外宣告 BGP 路由的真实性变化情况。

实验 2：构造规模为 100 的节点集合，其中恶意节点比例从 0%到 100%变化，这些节点都提供对目标节点 ASx 的直接评价。恶意节点提供的虚假直接评价包括两种情况：偏高的直接评价和偏低的直接评价。假设目标节点初始信誉为 0.5，恶意节点给出的偏低直接评价为 0.1，偏高直接评价为 1。实验结果如图 6.4 和 6.5 所示。

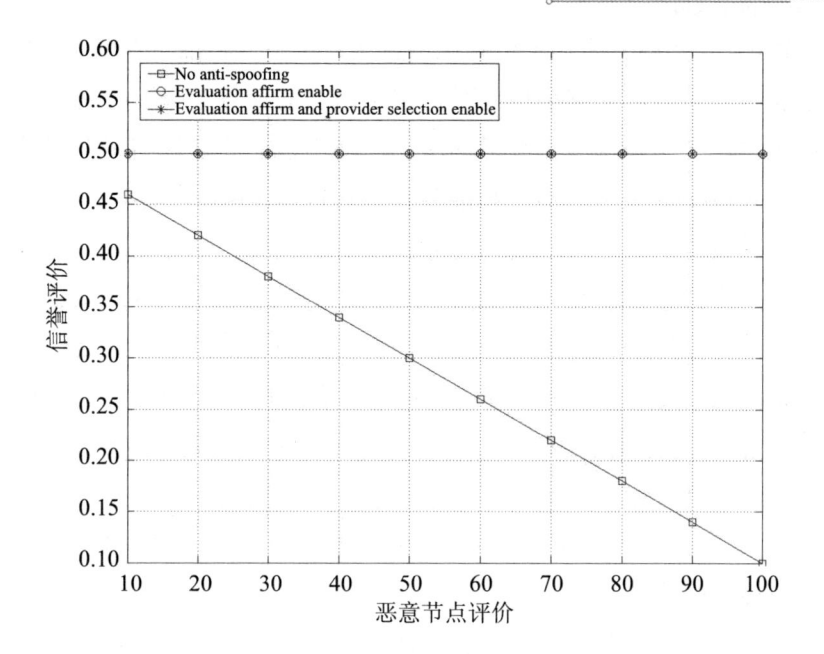

第 6 章　基于信誉机制的协同路由防御方法

图 6.4　当直接评价偏低时的信誉计算结果

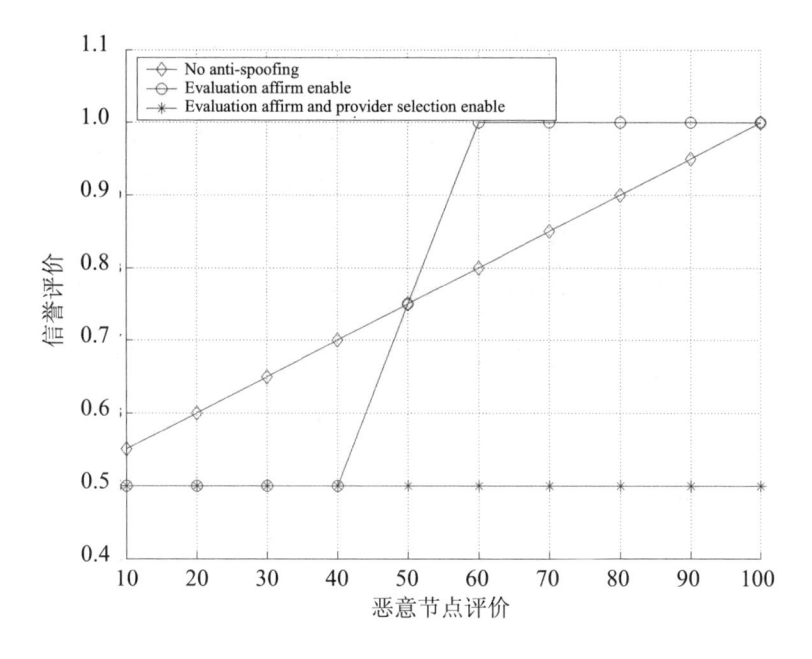

图 6.5　当直接评价偏高时的信誉计算结果

CoRSD 计算模型的安全机制包括直接评价确认和推荐者筛选。图 6.4 的结果表明，当不启动安全机制时，路由信誉的计算结果对恶意节点的比例非常敏感，随着恶意节点数量的增加，路由信誉的计算结果明显偏离真实值。如果启动直接评价确认和推荐者筛选机制，就能够屏蔽偏低直接评价带来的影响。图 6.4 的结果表明，在仅仅启动直接评价确认机制的情况下，当恶意节点比例超过 50%时，会导致离群点的判断错误，因此信誉计算结果出现偏差，这种情况将无力面对合谋攻击；当启动推荐者筛选机制时，信誉计算结果不受偏高直接评价的影响。这是由于 CoRSD 会拒绝使用由恶意推荐行为节点提供的直接评价，另外，CoRSD 是随机选择推荐者的，因此降低了合谋攻击的可能性。

实验3：构造如图 6.6 所示的拓扑环境，$A \sim F$ 分别代表不同的自治系统，它们之间的商业关系在图 6.6 中已标出。B 是劫持 E 地址前缀的恶意节点，随着 E 不断宣告新的地址前缀路由，B 也不断向 A 宣告相同的地址前缀路由。F 是多宿主节点，E 和 G 在争夺 F（让 F 成为它们的客户），G 为了自己的利益，对 E 有恶意推荐行为。分别从 B 和 E 注入路由，在初始状态下，所有节点的信誉评价和直接评价缺省值为 1，A、C、D、F、G 的路由表中各含 1000 条路由表项，E 和 B 每次宣告 50 条新的地址前缀路由，其中 E 宣告的路由为真实路由，B 宣告的路由为虚假路由。假设 B 宣告的虚假路由能够被路由监测系统发现，在不启动直接评价确认和恶意推荐者筛选机制的情况下，经过 20 轮路由更新后，观察 A 对 B 和 E 的信誉评价的变化。

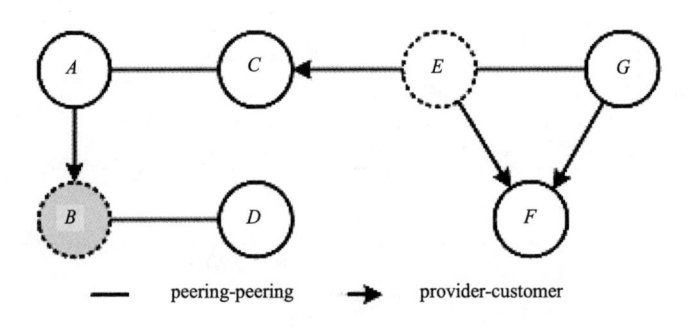

图 6.6 包含商业关系的 AS 级拓扑示意图

图 6.7 给出了图 6.6 所示实验的结果,根据图 6.7 显示的数据结果可得出以下结论。

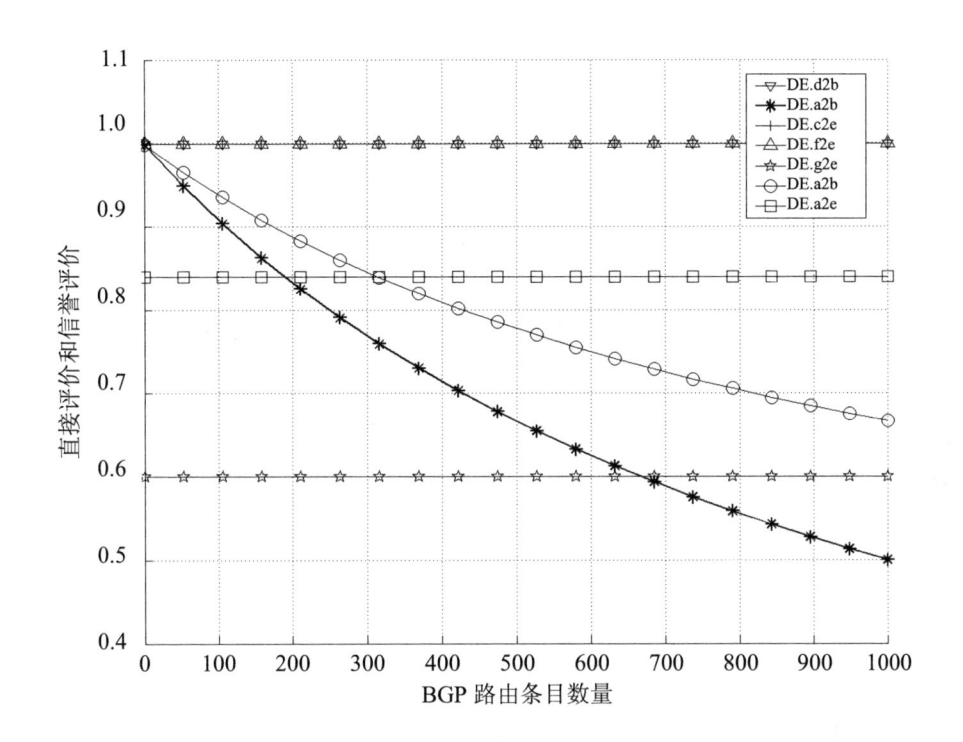

图 6.7 AS 级拓扑环境下 B 和 E 的直接评价和路由信誉变化曲线

(1)随着 AS 级拓扑环境下 B 不断向 A 宣告不可信路由,A 对 B 的直接评价开始下降,由于 B 没有向 D 宣告不可信路由,D 对 B 的直接评价没有变化,这表明评价者在构造评价推荐者集合时,应该尽可能公平和全面,以免受到主动或者被动恶意推荐行为的影响。

(2)虽然在开始阶段 A 对 B 的信誉评价值高于对 E 的信誉评价值,但是随着 B 不断向 A 发布不可信路由,A 对 B 的信誉评价开始迅速下降并低于对 E 的信誉评价,此时,当 A 再次收到来自 B 的前缀路由信息时,将抑制或者拒绝接受。

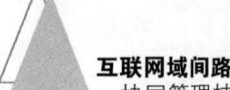

（3）虽然 G 对 E 实施了恶意推荐，但是由于 E 另外的邻居节点 C 和 F 能够为其提供公正的评价，因此能够保证自治系统 E 的信誉评价值维持在一个较高的水平。

6.4.2 应用有效性验证

（1）抑制虚假路由

为了检验 CoRSD 对虚假路由的抑制效果，构造如下实验。

从 RouteView 服务器下载 2008 年 7 月 1 日零时的 BGP 路由表，根据 BGP 路由表构造拓扑图 $G\langle V, E\rangle$，按照度数大小降序排列，对于度数相等的节点按照 AS 编号升序排列，选择前 n 个节点作为 G 的节点集（V），保留 V 中节点之间的路径作为边集（E）。随机产生地址前缀集合 $P\_Set = \{P_1, P_2, \cdots, P_m\}$ 并指派 $P_1 \sim P_m$ 与节点集（V）中节点的对应关系。在未被指派地址前缀的剩余节点中随机选择 k 个节点作为地址前缀的劫持者。所有节点运行 BGP 协议，彼此交换路由。在完成 L 轮路由交换后，分析各节点路由表中虚假路由的覆盖情况。

本书使用虚假路由覆盖率衡量虚假路由的抑制效果，计算公式如（9）所示。

$$\frac{1}{n} * \sum_{i=1}^{n}\left[\sum_{j=1}^{m} Bogus(ASi, P_j) \bigg/ \sum_{j=1}^{m} Cover(ASi, P_j)\right] \qquad (9)$$

公式（9）中，函数 *Cover*: ASi × Prefix → $\{0, 1\}$ 表示前缀 Prefix 的路由是否出现在节点 ASi 的 BGP 路由表中，函数 *Bogus*: ASi × Prefix → $\{0, 1\}$ 表示 ASi 选择去往前缀 Prefix 的路由是否为虚假路由。

图 6.8 给出了在 10 轮循环中虚假路由覆盖率的变化结果，通过该结果可知：

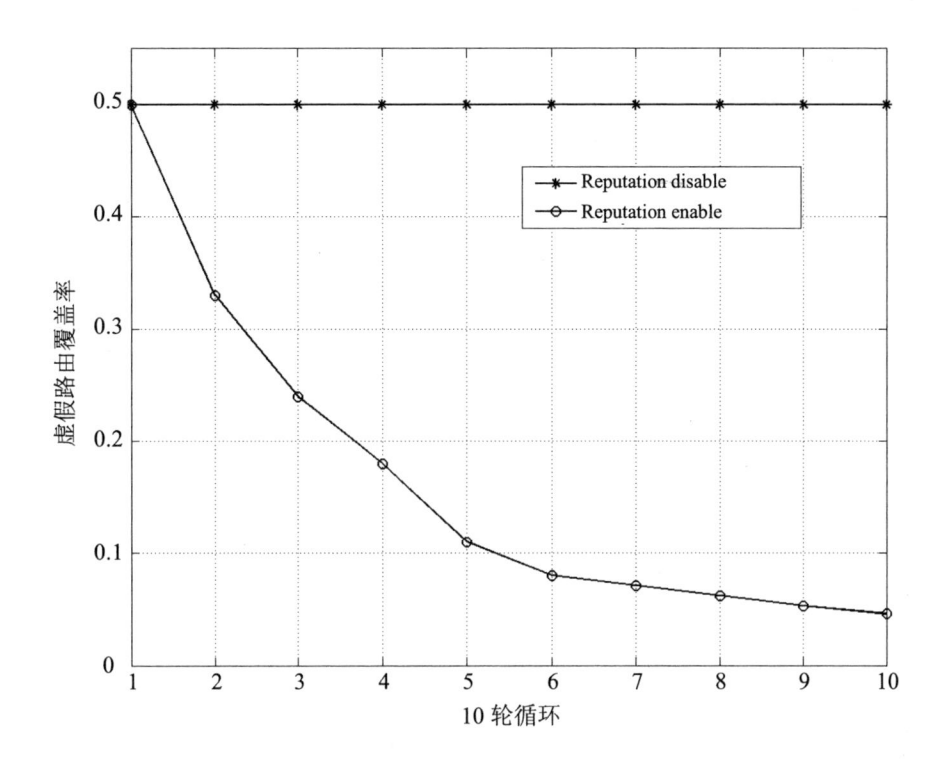

图 6.8　虚假路由覆盖率变化结果

① 当未部署信誉机制时，自治系统在进行路由决策时无法确定路由的真实性，因此，虚假路由覆盖率表现为常数，具体取值则与前缀劫持者、网络拓扑结构以及路由策略有关；

② 在启动了信誉机制时，随着恶意自治系统的路由信誉不断下降，其发布的 BGP 路由将逐步被拒绝，因此，虚假路由的覆盖率迅速下降。

（2）隔离恶意自治系统

CoRSD 对宣告虚假路由的自治系统具有惩罚作用。当某自治系统经常宣告虚假路由时，经过一段时间，其路由信誉会迅速下降，根据 6.3.3 的方法，此时由该自治系统宣告的 BGP 路由无论真假，都会被其他自治系统丢弃或降低优先级。从网络流量传输的角度来看，如果自治系统宣告的 BGP

路由不被采用，则意味着没有网络流量流经该自治系统，相当于该自治系统被隔离。

为验证上述分析，在图 6.8 实验的基础上，观察所有前缀劫持者对外宣告的路由的平均采纳率，计算公式如（10）所示。其中 count of exported route(ASi)表示 ASi 对外输出的路由数，count of prefered route(ASi)表示 ASi 被选用的路由数。图 6.9 所示为前缀劫持节点的路由平均采纳率变化情况。

$$\frac{1}{m}*\sum_{i-1}^{m}[\text{count of prefered route}(\text{AS}i)/\text{count of exported route}(\text{AS}i)] \quad (10)$$

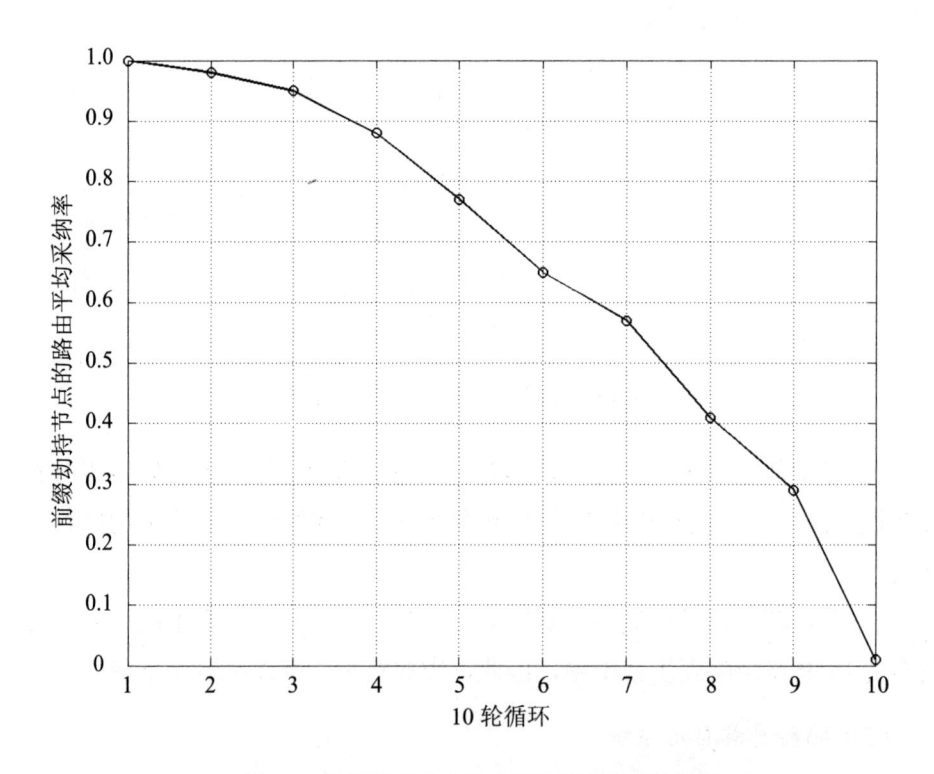

图 6.9　前缀劫持节点路由平均采纳率变化情况

通过图 6.9 的实验结果可以发现：经过几轮循环后，各节点在进行路由决策时，均拒绝使用由恶意节点宣告的 BGP 路由，虽然恶意节点依然能够将虚假路由发送给周围邻居，但其宣告的虚假路由无法产生破坏效果。这表明信誉系统在连续运行一段时间后，能够有效抑制虚假路由的传播，对恶意节点起到惩罚作用。

6.5 讨　　论

（1）路由信誉更新

路由监测系统对虚假路由统计分析结果的更新会导致直接评价的更新，而路由监测系统的统计分析又会受到 IRR 路由注册信息、BGP 路由、自治系统商业关系、网络拓扑等因素变化频率的影响。因此，直接评价的更新独立于信誉评价的计算，在更新后不主动广播，以免造成震荡。信誉评价采用按需更新，当自治系统需使用路由发布者的信誉评估路由信息的可信性时，会触发信誉计算。从 AS65000 BGP 路由表的统计结果看，平均每小时会有 2368.022 条路由表项被更新，其中包括 215.091 条新表项、86.844 条撤销表项和 2066.087 条更新表项[15]。显然，如果分析每条路由表项都重新计算自治系统的信誉，就会引起较大的通信开销。为了提高性能，每个自治系统的信誉评价值具有一定的有效期，在有效期内的信誉评价只更新一次。

（2）信誉计算模型

根据 2.2.4 的内容可知，现有研究提出了非常丰富的信誉计算模型，这些计算模型在参数选择、计算方法和管理机制上各不相同。鉴于域间路由系统的规模庞大，在具体选择信誉计算模型时需要重点考虑计算和存储开销。本书给出的信誉计算和管理模型着重考虑如何利用路由监测结果、BGP 邻居关系以及域间路由系统的幂律特性来提高路由信誉的计算效率和降低路由信誉的存储开销。本书给出的信誉计算模型主要针对路由可信评估问题，对路由行为的可信任评估也有参考价值。

（3）CoRSD 与可信路由

域间路由系统以 ISP 作为基本的行为实体，ISP 之间的信任关系是可信域间路由信息传递的保证，是域间路由系统健康运行与和谐演化的基础。CoRSD 是一种采用非加密技术解决路由安全问题的方法，虽然不具备绝对可信性，但是这种方法能够有效促进域间路由系统向更为健康的方向演化。

（4）部署与实施

CoRSD 在实际部署时，需要设置全网可见的服务中心，所有部署了 CoRSD 方法的自治系统都要向服务中心注册。另外，信誉联盟的盟主节点也需要向服务中心注册并提交最新的联盟成员名单。借助服务中心，自治系统可以了解信誉计算服务和信誉联盟的分布情况。

6.6 小　　结

ISP 协同是提高域间路由系统整体安全能力的重要手段。本书借鉴开放网络和分布式系统安全问题的研究成果，结合域间路由系统安全管理的需求和特殊性，设计了一种面向域间路由安全协同管理的信誉机制，给出了基于信誉的路由可信评估和决策方法，重点对信誉计算模型的有效性以及信誉机制在路由安全防御方面的有效性进行了模拟和验证。CoRSD 为自治系统进行路由选择和路由可信评估提供了参考，使得现有的域间路由安全管理体系更为完善。与现有解决方案相比，CoRSD 方法具有以下三个优势：①通过 ISP 的局部协同实现路由系统的整体安全防御，具备渐进部署能力，可实施性更强；②具有惩罚性，可以有效抑制虚假路由的传播范围并迅速隔离连续实施路由欺骗行为的自治系统；③计算规模和管理开销更低，非盟主自治系统的存储开销和通信开销比全分布式管理模型降低 65% 和 69%。

第 7 章

域间路由协同管理系统

本章设计并实现了 ISPCMF 的原型系统——ISPCoware，对本书提出的协同管理方法进行了验证，并从逻辑功能视图、模块开发视图、系统部署视图等多个角度对 ISPCoware 的实现技术进行讨论。ISPCoware 可以作为 ISP 管理域间路由的辅助工具，也可以作为开放式平台构筑一体化的域间路由协同管理环境。

本章内容组织如下：7.1 介绍系统的开发动机与目标，7.2 节介绍系统的总体设计，7.3 节对系统的主要功能进行展示和验证，7.4 节总结本章内容。

7.1 动机与目标

域间路由管理是互联网运营的重要环节，属于网络管理范畴。现有网络管理软件主要包括网元管理软件和网络管理软件。网元管理软件一般由设备厂商提供，通过 SNMP 协议和网管 MIB 库管理设备，如 Cisco 公司的 Cisco Works、港湾网络公司的 HammerView 等；网络管理软件则主要用于网络的配置、性能、故障和安全管理，当前比较有名的有 HP 的 OpenView、IBM 的 Tivoli 等。上述网络管理软件虽然在功能上非常丰富，但是对互联网域间路由方面的管理缺乏足够的支持。因此，开发能够在多个自治系统部署的分布式域间路由管理软件对 ISP 的运营具有重要的意义。

现有可用的域间路由管理服务大多由第三方机构提供，如 BGPVIZ、Alarm、RISWhois、IRR、RouteView 等，这些服务都无法支持 ISP 之间的直接交互，并且缺乏统一的开发模式和标准。另外，上述服务只能提供路由数据级的监测和共享服务，对开发更为复杂的域间路由管理应用支持不足。

鉴于上述原因，本书对 ISPCMF 进行实例化设计，以 P2P 网络为基础，在应用层构建一套包括路由策略配置检查、路由监测和路由信誉计算等功能的 ISP 协同管理软件——ISPCoware。设计实现该软件一方面是为了验证本书提出的协同管理方法，另一方面是为 ISP 提供管理域间路由的辅助工具，为构筑一体化的域间路由协同管理环境提供开放式平台。

7.2 总 体 设 计

7.2.1 逻辑功能视图

ISPCoware 的功能视图如图 7.1 所示。

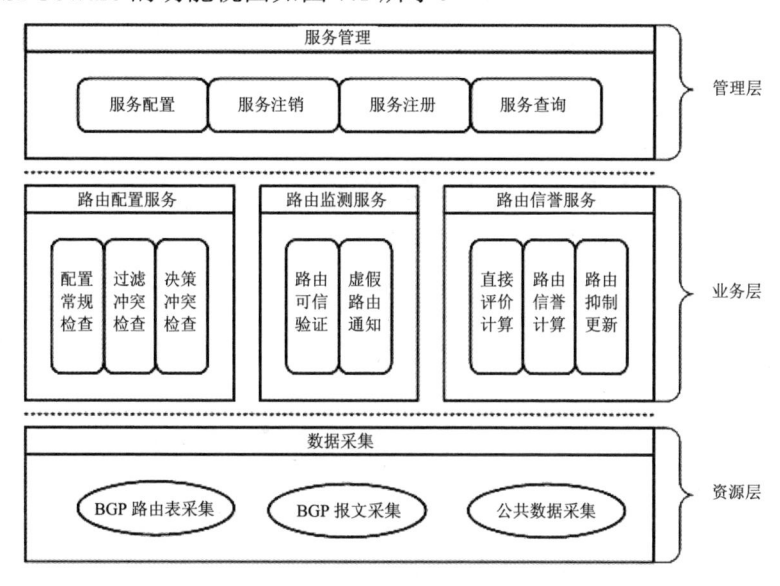

图 7.1 ISPCoware 功能视图

ISPCoware 软件系统分为三个层次，从下到上分别为：资源层、业务层和管理层。资源层提供数据采集功能，包括 BGP 路由表采集、BGP 报文采集和公共数据采集，其中，公共数据采集主要指由 IRR、RouteView、RIPE 等站点提供的 BGP 路由数据。业务层提供具体的协同管理功能，包括路由配置服务、路由监测服务和路由信誉服务。ISPCoware 采用服务（service）

方式包装业务层提供的功能,并通过管理层对业务层的服务进行管理,包括服务配置、服务注销、服务注册和服务查询。ISPCoware 具备渐进部署能力,不需要所有自治系统都能够提供协同管理服务。为了便于自治系统了解协同服务部署情况,ISPCoware 采用服务发布的方式,由全局统一的注册服务器来管理各自治系统发布的协同管理服务。

7.2.2 模块开发视图

ISPCoware 软件的模块开发视图如图 7.2 所示,ISPCoware 软件的模块开发分为三个层次。

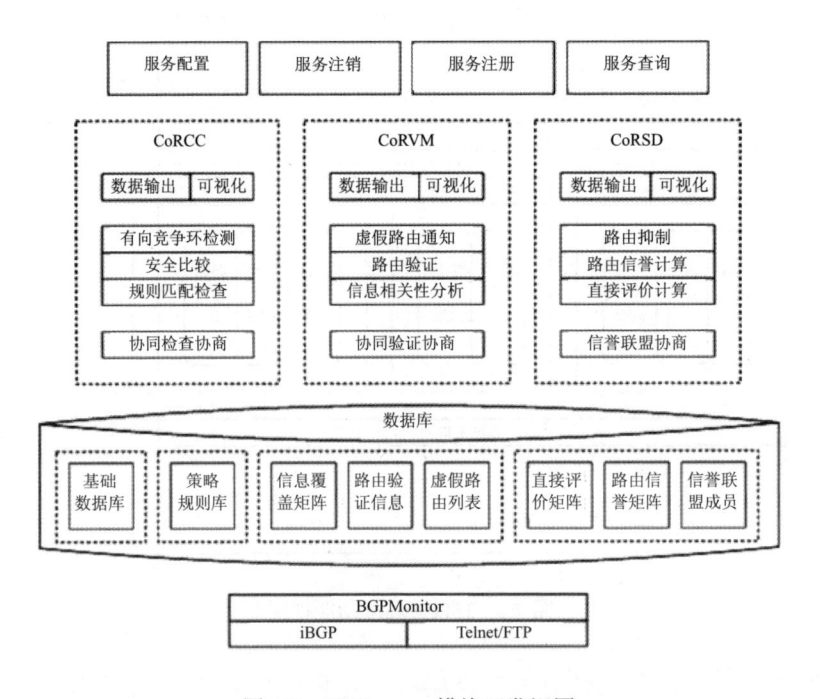

图 7.2 ISPCoware 模块开发视图

(1) 资源层模块

资源层模块(BGP Monitor)负责数据采集。数据采集方式包括基于 iBGP

哑会话方式和基于 Telnet/FTP 的数据下载方式。基于 iBGP 哑会话方式是通过 BGP 协议与其他边界路由器建立 iBGP 会话,学习但不对外宣告和转发 BGP 路由,并将收集到的 BGP 路由表和 BGP 报文保存到数据库的基础数据表中。基于 Telnet/FTP 的数据下载方式是通过 Telnet 或者 FTP 协议下载由 RouteView 或 IRR 提供的 BGP 监测数据。BGP Monitor 以后台进程的方式独立运行。

(2)业务层模块

业务层模块是 ISPCoware 的核心内容,实现了本书在第 4~6 章所提出的方法,主要包括:协同配置检查(CoRCC)、协同路由验证与监测(CoRVM)以及自治系统路由信誉系统(CoRSD)。其中,CoRCC 的主要子模块包括:协同检查协商,负责自治系统之间在配置检查前进行权限和身份的确认;规则匹配检查,负责根据数据库中的策略规则库进行局部异常配置检查以及自治系统之间过滤规则的一致性检查;安全比较,负责实现无信息泄露的安全两方比较协议;有向竞争环检测,负责检测自治系统之间的路由策略是否构成有向竞争环,从而判断是否存在路由决策冲突;数据输出与可视化,负责提供两种形式的数据输出方式,一种以 XML 格式输出,供其他服务或协同方使用,一种以图形化方式输出,供本地管理人员使用。CoRVM 的主要子模块包括:协同验证协商,负责通过服务注册中心下载能够提供路由验证和愿意交换路由监测信息的自治系统节点列表;信息相关性分析,负责计算 BGP 路由验证信息与告警信息之间的相关性;路由验证,负责验证指定 BGP 路由的真实性和有效性;虚假路由通知,负责将监测到的虚假路由通知给相关的自治系统;数据输出和可视化的功能与 CoRCC 的相同。CoRSD 的主要子模块包括:信誉联盟协商,负责建立或加入信誉联盟;直接评价计算,负责根据局部的路由监测统计结果计算目标自治系统的直接评价;路由信誉计算,负责根据直接评价计算目标自治系统的路由信誉,或者向盟主节点查询目标自治系统的路由信誉;路由抑制,负责根据路由信誉的计算结果产生相应的路由选择优先级并作用在本地的路由策略上;

数据输出和可视化的功能与 CoRCC 的相同。业务层管理模块以应用服务的形式在应用服务器上独立运行。

（3）管理层模块

管理层模块包括：服务配置（service config），负责对服务输出策略、工作参数进行配置；服务注销（service remove），负责向服务中心提交服务注销请求；服务注册（service register），负责向服务注册中心提交服务注册请求；服务查询（service search），负责获取指定自治系统对外提供的服务列表。管理层模块同样以应用服务的方式运行。

7.2.3 系统部署视图

ISPCoware 软件在服务器上运行，在每个自治系统的内部部署。大型 ISP 可以通过一台 ISPCoware 服务器负责多个下属 ISP 的管理，所有的 ISPCoware 服务器在应用层构成 Mesh 结构的覆盖网络，彼此通过 TCP 连接建立会话。ISPCoware 不要求在所有自治系统中部署，已经部署了 ISPCoware 的自治系统向服务注册中心（service register）注册对外提供的协同管理服务，并获取 ISPCoware 服务的全局部署视图。ISPCoware 的系统部署视图如图 7.3 所示。

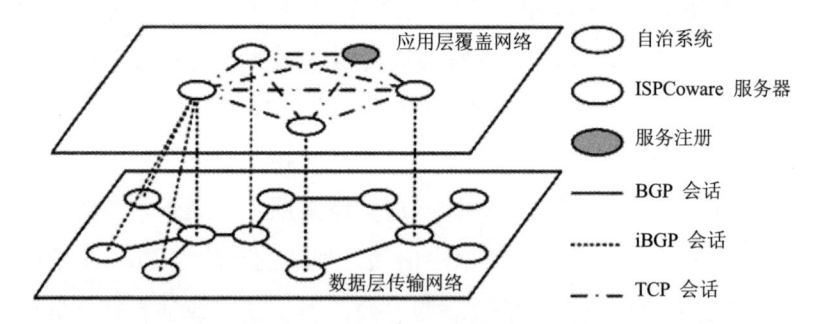

图 7.3 ISPCoware 系统部署视图

7.2.4 开发环境说明

ISPCoware 的开发过程涉及多种语言与开源系统，这里主要介绍使用的路由软件 Quagga 和软件部署环境 Glassfish。ISPCoware 通过修改 Quagga 的 BGP 模块实现 iBGP 哑会话的建立和 BGP 数据的收集，采用 Glassfish 作为应用服务器，用于部署业务层模块。

（1）路由软件 Quagga

ISPCoware 的资源层数据采集模块通过与自治系统的边界路由器建立 iBGP 会话，以获取 BGP 路由和 BGP 路由，用于更新报文；通过修改 BGP Update 报文的解析过程和处理流程以实现 BGP 路由数据的采集。因此，ISPCoware 以路由软件 Quagga 的 BGP 协议为基础，开发了专用的 BGP 路由采集模块。

Quagga 是一个基于 TCP／IP 的路由软件，主要基于 UNIX 操作系统设计，支持包括 Linux、BSD 和 Solaris 等在内的系统平台。Quagga 的设计目标是，基于 PC 平台实现具备路由服务和路由反射功能的路由器。Quagga 项目始于 1996 年，主要由日本的 Kunihiro Ishiguro 设计开发，支持多种单播路由协议，包括基于 IPv4 的 RIP、OSPF 和 BGP 协议，以及基于 IPv6 的 RIPng、OSPFv3 和 BGP4+ 协议，目前支持的与 BGP 协议相关的 RFC 标准包括 RFC 1771、RFC 1965、RFC 1997、RFC 2545、RFC 2796、RFC 2858、RFC 2842、RFC 1657。

（2）应用服务器 Glassfish

建立全球可共享的路由管理服务是 ISPCoware 的设计目标之一。为此，ISPCoware 采用面向服务的软件体系架构（SOA），采用 Sun 公司的开源应用服务器 Glassfish 作为软件运行平台，借助 Glassfish 自带的服务管理和发布机制来提高软件的开发效率和规范性。

现有应用服务器主要分为两类：商用和开源。开源应用服务器的产品有 Glassfish、Jboss、Geronimo、Tomcat 和 Resin 等，其中 Glassfish 和 Jboss 5 是完全与 Java EE 5 兼容的，而 Tomcat 和 Resin 只提供了 Web Container，不能算是严格意义上的应用服务器。Glassfish 的第一个版本（Glassfish v1）最早由 Sun 公司于 2006 年 5 月在 JavaOne 大会上推出。Glassfish v1 侧重于

Java EE 5 规范的实现，一些企业级的特性并没有包含在这一版本中。Glassfish v2 加上了所有企业级的特性，并且去除了 PE 标签。目前 Glassfish v3 正在开发中。

7.3 系统验证与展示

本节给出 ISPCoware 的部分运行效果截图和实验结果。

7.3.1 系统外观介绍

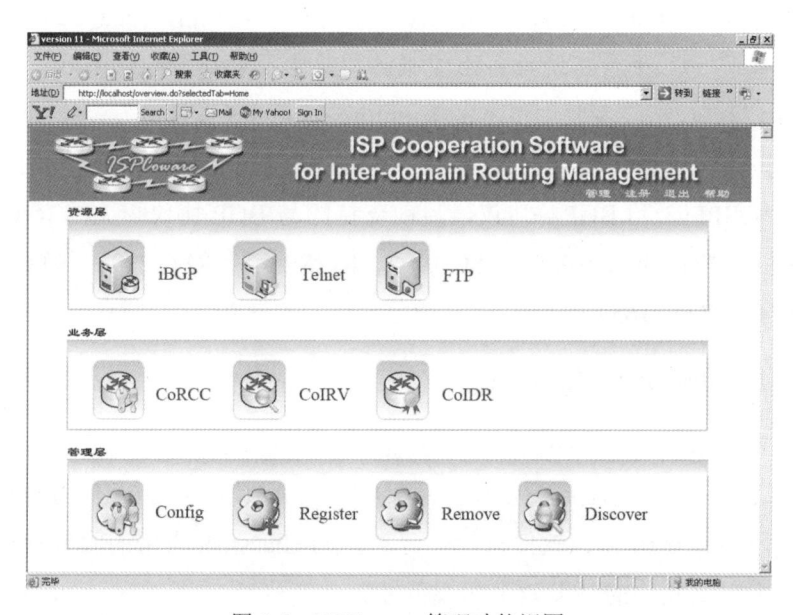

图 7.4 ISPCoware 管理功能视图

ISPCoware 系统的主界面如图 7.4 所示，主界面上包含软件系统各项功能的入口。网络管理员需要注册才能访问 ISPCoware 系统。ISPCoware 的功能主要分为三个层次：资源层、业务层和管理层。资源层的数据采集服务主要通过 iBGP、Telnet 和 FTP 的方式分别从自治系统的边界路由器、

RouteView 和 RIPE 等处获取 BGP 路由数据。业务层的功能主要包括路由策略配置检查、路由协同监测和路由信誉的计算。管理层的功能负责向服务注册中心发布服务和配置服务的运行控制参数。

7.3.2　BGP 数据采集

（1）建立“哑 iBGP 会话”

ISPCoware 的 BGP Monitor 模块通过与边界路由器建立“哑 iBGP 会话”来获取自治系统的 BGP 路由更新情况。图 7.5 给出了 ISPCoware 的“哑 iBGP 会话”建立过程。

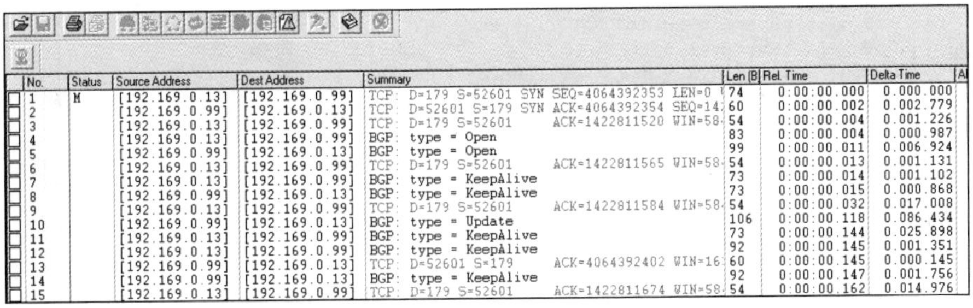

No.	Status	Source Address	Dest Address	Summary	Len (B	Rel. Time	Delta Time
1	M	[192.169.0.13]	[192.169.0.99]	TCP: D=179 S=52601 SYN SEQ=4064392353 LEN=0	74	0:00:00.000	0.000.000
2		[192.169.0.99]	[192.169.0.13]	TCP: D=52601 S=179 SYN ACK=4064392354 SEQ=14	60	0:00:00.002	0.002.779
3		[192.169.0.13]	[192.169.0.99]	TCP: D=179 S=52601 ACK=1422811520 WIN=58	54	0:00:00.004	0.001.226
4		[192.169.0.13]	[192.169.0.99]	BGP: type = Open	83	0:00:00.004	0.000.987
5		[192.169.0.99]	[192.169.0.13]	BGP: type = Open	99	0:00:00.011	0.006.924
6		[192.169.0.13]	[192.169.0.99]	TCP: D=179 S=52601 ACK=1422811565 WIN=58	54	0:00:00.013	0.001.131
7		[192.169.0.13]	[192.169.0.99]	BGP: type = KeepAlive	73	0:00:00.014	0.001.102
8		[192.169.0.99]	[192.169.0.13]	BGP: type = KeepAlive	73	0:00:00.015	0.000.868
9		[192.169.0.13]	[192.169.0.99]	TCP: D=179 S=52601 ACK=1422811584 WIN=58	54	0:00:00.032	0.017.008
10		[192.169.0.99]	[192.169.0.13]	BGP: type = Update	106	0:00:00.118	0.086.434
11		[192.169.0.13]	[192.169.0.99]	BGP: type = KeepAlive	73	0:00:00.144	0.025.898
12		[192.169.0.13]	[192.169.0.99]	BGP: type = KeepAlive	92	0:00:00.145	0.001.351
13		[192.169.0.99]	[192.169.0.13]	TCP: D=52601 S=179 ACK=4064392402 WIN=16	60	0:00:00.145	0.000.145
14		[192.169.0.99]	[192.169.0.13]	BGP: type = KeepAlive	92	0:00:00.147	0.001.756
15		[192.169.0.13]	[192.169.0.99]	TCP: D=179 S=52601 ACK=1422811674 WIN=58	54	0:00:00.162	0.014.976

图 7.5　ISPCoware 的“哑 iBGP 会话”建立过程

在图 7.5 中，第 1～3 行对应了 BGP 会话建立过程中的三次 TCP 握手，第 4～8 行是 BGP Monitor 与边界路由器之间的 Open 和 Keepalive 过程，第 9～13 行是建立“哑 iBGP 会话”的双方通过 BGP 协议以 Update 报文的形式交换路由信息。由于建立的是“哑 iBGP 会话”，所以 ISPCoware 的监测点服务器只会收到从其他路由器发来的 Update 消息，自身并不会发布 Update，最后是双方持续发送 Keepalive 消息保持建立的 BGP 会话。以上过程完整展示了 ISPCoware 的 BGP Monitor 与边界路由器建立以及保持会话的过程，并且通过该建立过程以 Update 的形式获得了本自治系统的 BGP 路由。

（2）BGP 路由数据解析

ISPCoware 的 BGP Monitor 除了通过 BGP Update 消息收集 BGP 路由，还可以通过 RouteView 等公共数据源获得自治系统的 BGP 路由。由于 RouteViews 的路由报文数据并非原始的路由报文，而是使用 Merit 格式进行了打包处理，为此需要对 BGP 路由数据进行解析和还原。图 7.6 给出了对 RouteView 的 BGP 路由数据还原示例。

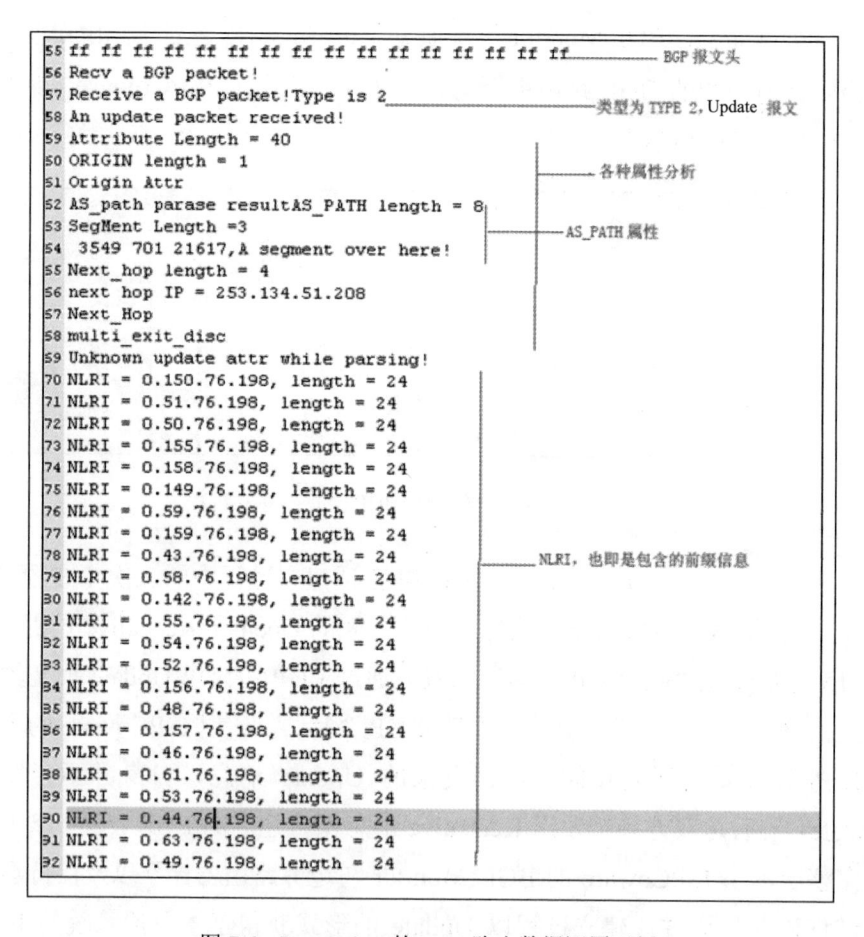

```
55 ff ff ff ff ff ff ff ff ff ff ff ff ff ff ff ff      ———— BGP 报文头
56 Recv a BGP packet!
57 Receive a BGP packet!Type is 2                       ———— 类型为 TYPE 2，Update 报文
58 An update packet received!
59 Attribute Length = 40
60 ORIGIN length = 1
61 Origin Attr                                          ———— 各种属性分析
62 AS_path parase resultAS_PATH length = 8
63 SegMent Length =3
64 3549 701 21617,A segment over here!                 ———— AS_PATH 属性
65 Next_hop length = 4
66 next hop IP = 253.134.51.208
67 Next_Hop
68 multi_exit_disc
69 Unknown update attr while parsing!
70 NLRI = 0.150.76.198, length = 24
71 NLRI = 0.51.76.198, length = 24
72 NLRI = 0.50.76.198, length = 24
73 NLRI = 0.155.76.198, length = 24
74 NLRI = 0.158.76.198, length = 24
75 NLRI = 0.149.76.198, length = 24
76 NLRI = 0.59.76.198, length = 24
77 NLRI = 0.159.76.198, length = 24
78 NLRI = 0.43.76.198, length = 24                     ———— NLRI，也即是包含的前缀信息
79 NLRI = 0.58.76.198, length = 24
80 NLRI = 0.142.76.198, length = 24
81 NLRI = 0.55.76.198, length = 24
82 NLRI = 0.54.76.198, length = 24
83 NLRI = 0.52.76.198, length = 24
84 NLRI = 0.156.76.198, length = 24
85 NLRI = 0.48.76.198, length = 24
86 NLRI = 0.157.76.198, length = 24
87 NLRI = 0.46.76.198, length = 24
88 NLRI = 0.61.76.198, length = 24
89 NLRI = 0.53.76.198, length = 24
90 NLRI = 0.44.76.198, length = 24
91 NLRI = 0.63.76.198, length = 24
92 NLRI = 0.49.76.198, length = 24
```

图 7.6 RouteView 的 BGP 路由数据还原示例

7.3.3 策略配置检查

（1）一致性检查（Community）

通过 BGP 的 Community 属性可以实现基于团体的路由策略管理，例如，no-export 表示不广播本路由到 EBGP 对等体，no-advertise 表示不广播本路由到任何对等体，local-as 表示不广播本路由到自治系统外部，等等。Community 不一致可能导致大批路由交换失败。图 7.7 给出了 AS100 对 AS101 的 Community 输出配置示例，图 7.8 是 Community 一致性检查的演示结果。

```
hostname RouterA

Router bgp 100

network 170.10.0.0

neighbor 10.10.10.1 remote-as 101
neighbor 10.10.10.1 soft-reconfiguration inbound
neighbor 10.10.10.1 prefix-list bogons in
neighbor 10.10.10.1 prefix-list announce out
neighbor 10.10.10.1 maximum-prefix 163000
neighbor 10.10.10.1 send-community
neighbor 10.10.10.1 route-map setweight in
neighbor 10.10.10.1 route-map setcommunity out

neighbor 10.10.10.2 remote-as 102

route-map setcommunity
  match ip address 100
  set community 100 200 additive
```

```
hostname RouterB

Router bgp 101

network 10.10.10.1

neighbor 170.10.0.0 route-map check-community in

route-map check-community permit 10
  match community 111
  set weight 20

route-map check-community permit 10
  match community 333

ip community-list 111 permit 100
ip community-list 222 permit 200
ip community-list 333 permit internet
```

图 7.7　Community 配置示例

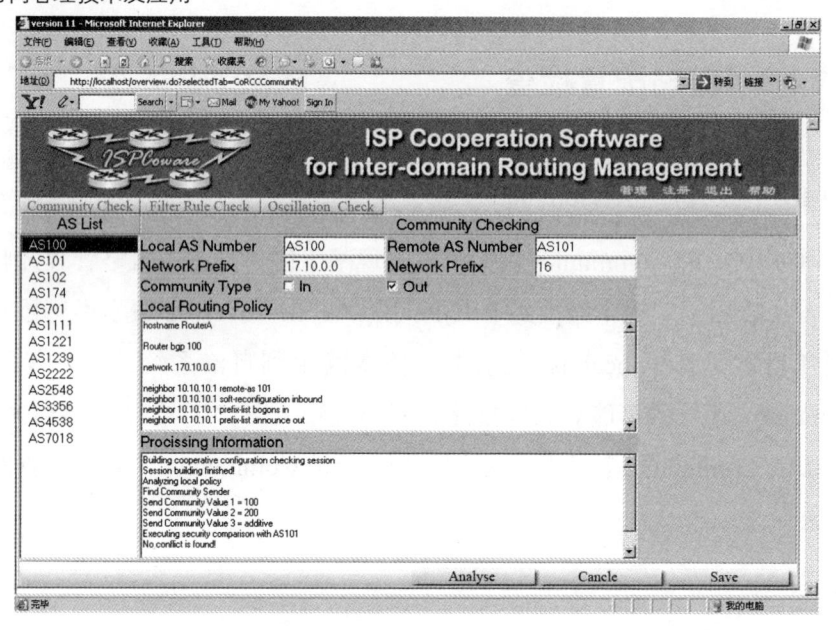

图 7.8 Community 一致性检查演示结果

（2）过滤策略冲突检查

图 7.9 给出了一个简单的过滤策略冲突示例，路由器 D0 是自治系统 AS100 的边界网关，路由器 D1 是 AS101 的边界网关。D0 的路由输入策略拒绝了由 AS101 对 D0 宣告的去往前缀 172.16.0.0/16 和 172.17.0.0/16 的路由，而在 D1 的路由输出策略则向 AS100 输出去往前缀 172.16.0.0/16 和 172.17.0.0/16 的路由，两者存在矛盾。图 7.10 是 AS100 与 AS101 进行过滤策略冲突检查的演示结果。

```
! Router D0                                          ! Router D1
neighbor 10.10.8.1 remote-as 101                     neighbor 10.10.8.2 remote-as 100
neighbor 10.10.10.1 prefix-list bogons in            neighbor 10.10.10.1 prefix-list announce out
ip prefix-list bogons seq 5 deny 172.16.0.0/16       ip prefix-list announce seq 5 permit 172.16.0.0/16
ip prefix-list bogons seq 10 deny 172.17.0.0/16      ip prefix-list announce seq 10 permit 172.17.0.0/16
ip prefix-list bogons seq 15 deny 172.18.0.0/16
```

图 7.9 过滤策略冲突示例

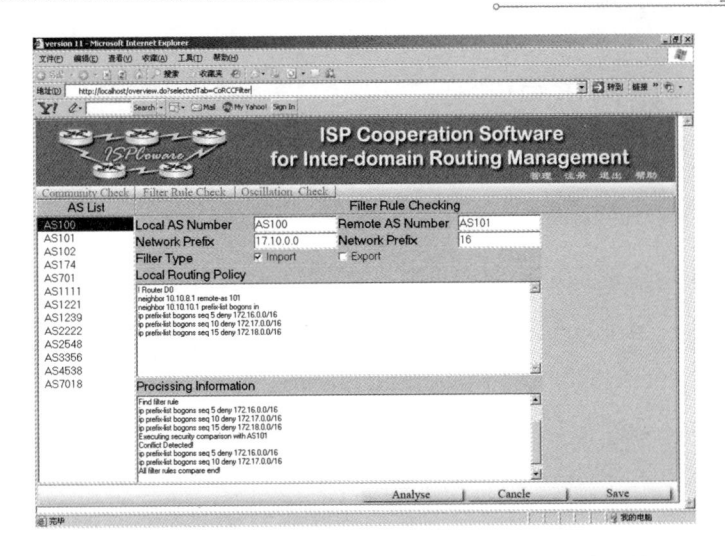

图7.10　AS100 与 AS101 进行过滤策略冲突检查的演示结果

（3）路由震荡检查

ISPCoware 使用第 4 章提出的算法检查可能导致路由持久震荡的配置。图 7.11 给出了对 K.Varadhan 路由震荡模型的检查结果，图 7.11 中的 AS List 表示部署了协同检查服务的自治系统列表。

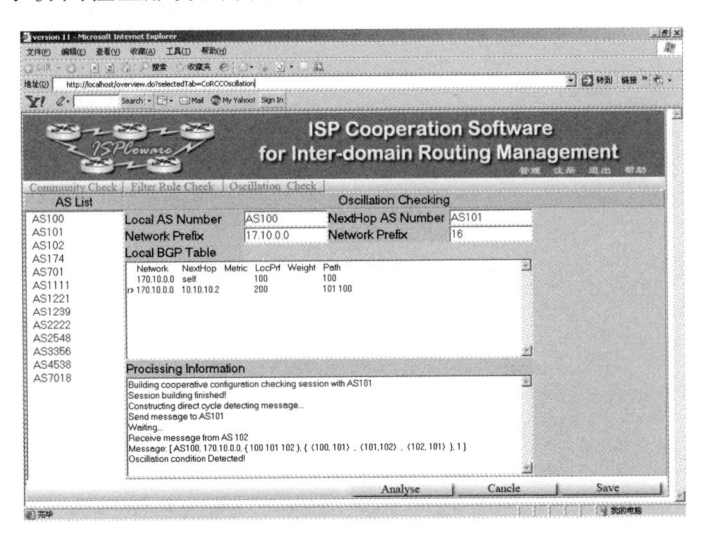

图7.11　路由震荡模型的检查结果

7.3.4　路由协同监测

（1）路由知识搜集

路由协同监测需要根据路由知识判断路由的真实性和有效性。这些知识主要包括：自治系统层次关系、国家网络地址分配情况、AS 连接拓扑情况和 AS 地址分配情况等。例如，位于核心层的自治系统之间以全互联形式建立连接，为整个互联网转发流量；位于边缘层的自治系统总是处于路由路径的末端，几乎不或很少为其他自治系统转发流量；位于转发层的自治系统负责连接核心层和边缘层，为部分互联网转发流量。根据上述规律，结合路由知识就可以识别违背上述规律的路由宣告。

图 7.12 给出了自治系统信息查询的演示效果图，图中列出了数据库中的 AS，其中，右侧给出了被选中 AS 的邻居 AS 节点。

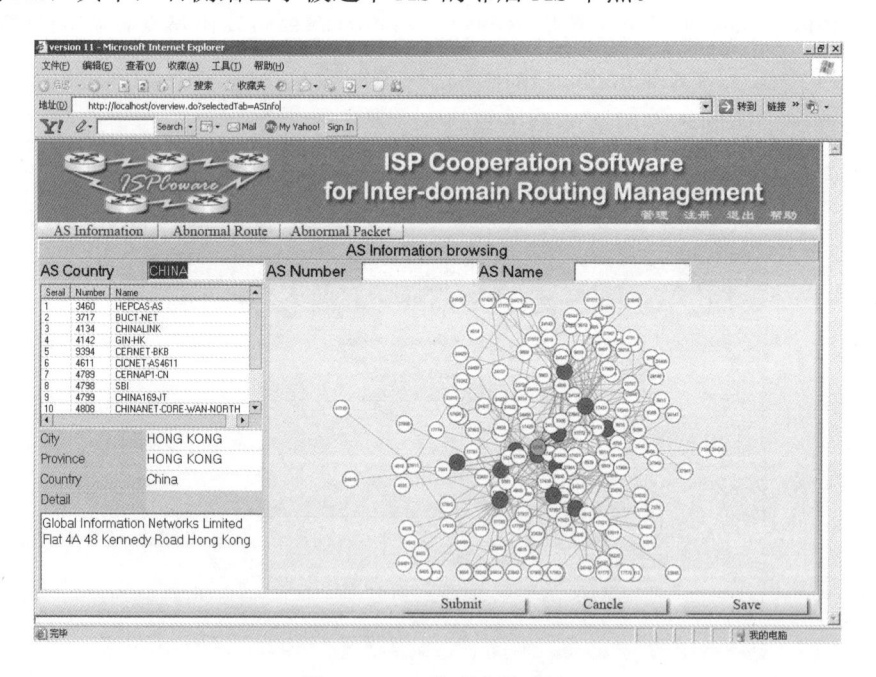

图 7.12　AS 信息查询演示

（2）路由表监测

图 7.13 选择了 RouterView 的四个路由监测点，模拟实现了路由发布过程中对虚假路由的识别，ISPCoware 能够识别的虚假路由类别主要包括：包含私有 AS 编号的路由（Private AS）、AS_PATH 中存在环形的路由、地址前缀冲突的路由（MOAS）以及 AS_PATH 与直接情况不符的路由（Bogus Path）。

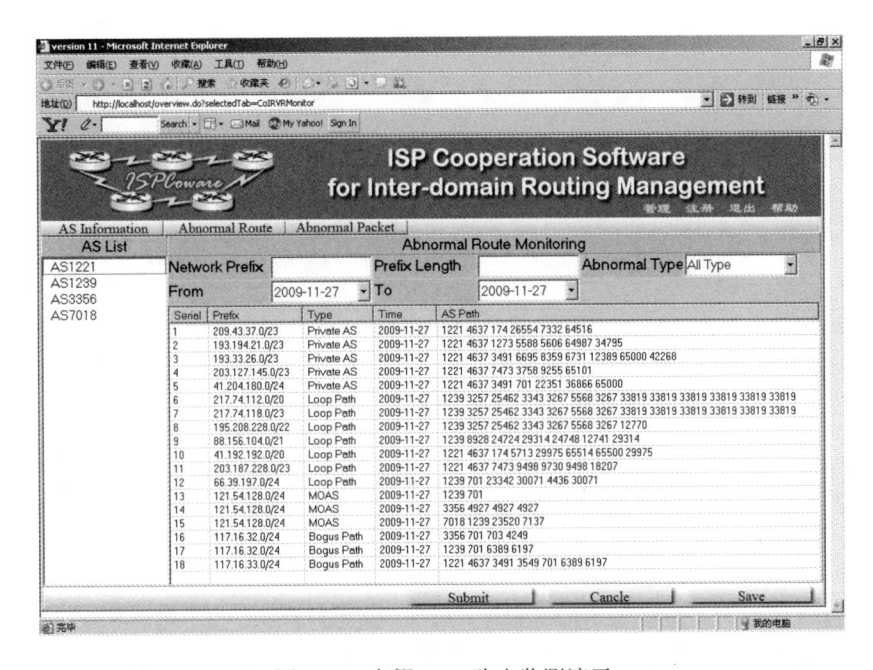

图 7.13　虚假 BGP 路由监测演示

（3）BGP 路由报文流量监测

BGP 路由报文流量监测通过观察 BGP 协议 Update 消息数量的变化来感知 BGP 路由事件，当路由系统受到攻击时，会导致大量 BGP 路由作废，引起 Update 报文数量剧增，图 7.14 再现了 2003 年 1 月 25 日爆发 Sql Server 漏洞蠕虫时的域间路由流量变化情况。

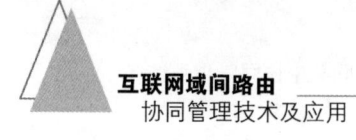

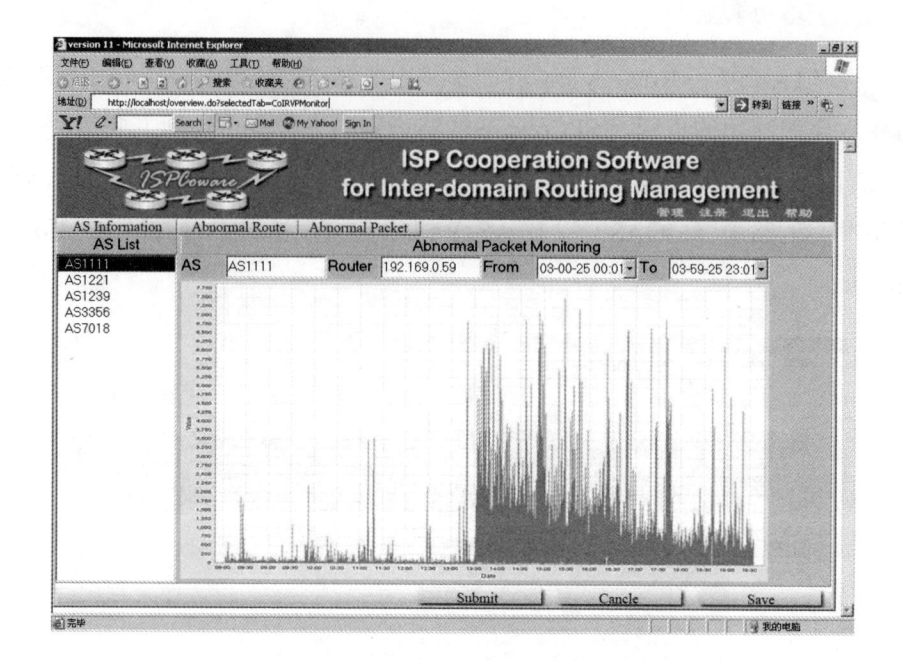

图 7.14　BGP Update 流量变化监测演示

7.3.5　路由信誉评估

路由信誉评估功能利用路由监测软件的统计结果计算自治系统的路由信誉。受实际条件的影响，路由信誉系统无法在实际环境大规模部署，本书利用 RouteView 的 BGP 数据构造 AS 级拓扑结构，选取部分节点模拟发布虚假无效路由并观察其信誉值变化，图 7.15 为自治系统路由信誉计算演示，图 7.16 为信誉联盟的拓扑结构演示。

第 7 章 域间路由协同管理系统

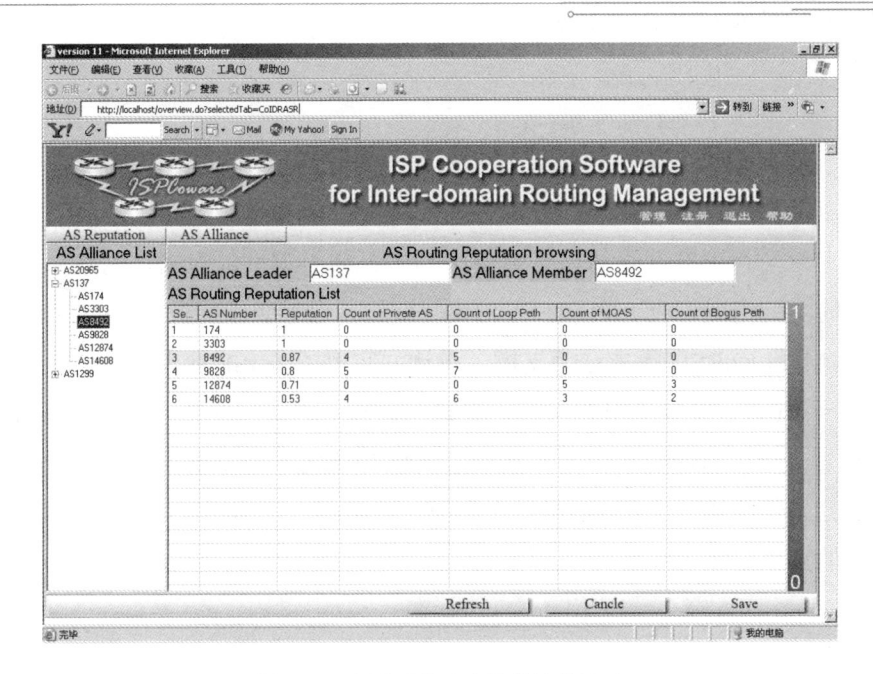

图 7.15 自治系统路由信誉计算演示

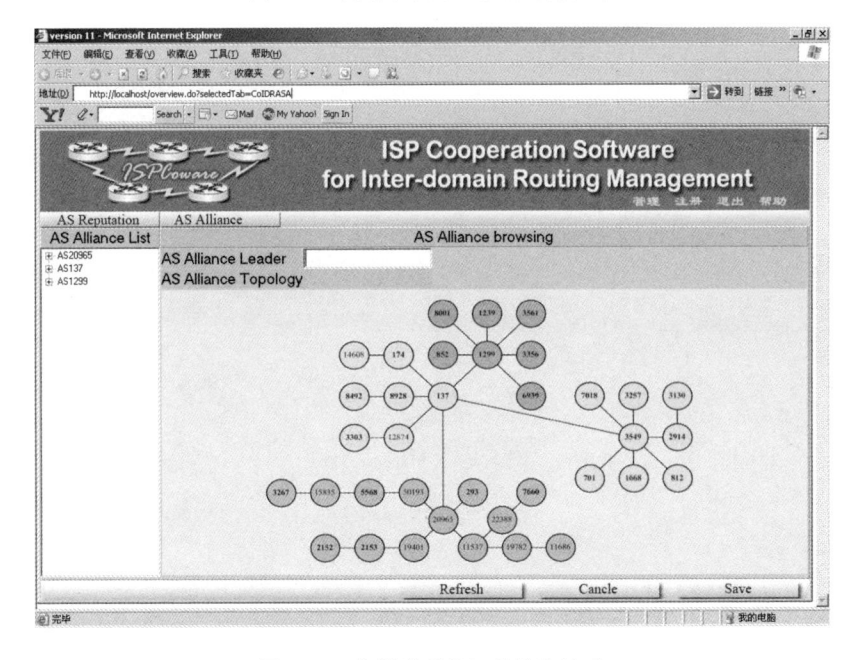

图 7.16 信誉联盟的拓扑结构演示

· 171 ·

7.4 小　　结

　　本章结合国家网络与信息安全中心的具体需求，针对国内网络建设与运行的实际情况，以 ISPCMF 为指导性框架，以第 3～7 章提出的 CoRCC、CoRVM 和 CoRSD 等方法为支撑，设计并实现了多 ISP 协同管理软件——ISPCoware。该系统采用面向服务的软件架构，能够实现多个 ISP 的路由策略冲突检查、路由协同监测和自治系统信誉评估。该系统可以作为验证全书研究工作的实验平台，也可以作为 ISP 实施路由协同管理的参考工具。下一步的工作是完善和推广该系统。

第 8 章

结论与展望

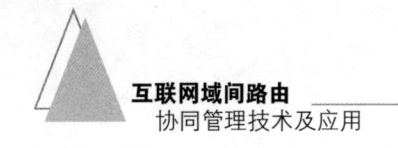

8.1 研 究 结 论

互联网的蓬勃发展改变了人类社会的生活方式，多种多样的互联网应用在产生巨大经济利益的同时，在性能和安全等方面也对互联网环境提出了更高的要求。域间路由系统作为互联网的基础核心设施，加强自我管理和维护正变得日益重要。虽然 ISP 协同是解决诸多域间路由问题的关键，但现有研究表明 ISP 之间的协同能力明显不足。为此，本书针对域间路由管理中的典型问题进行了深入研究，并且基于协同思想给出了相应的解决方案，主要包括以下五部分内容。

（1）域间路由协同管理框架

针对域间路由管理缺乏协同的现状，提出一种面向 ISP 的协同管理框架——ISPCMF。ISPCMF 以隐私保护、信息共享和信誉评价等协同机制为基础，为 ISP 提供协同配置检查、协同路由监测和协同路由安全等能力，通过完善支撑机制来促进 ISP 的自组织协同。ISPCMF 强调方案的渐进部署性与可实施性，构建在应用层的 P2P 网络上，不需要修改路由协议，具有良好的可扩展性与较低的计算和通信开销。

（2）基于隐私保护的协同策略检查方法

针对域间路由配置中的策略冲突问题以及 ISP 的隐私保护需求，提出了一种不泄露 ISP 路由策略的协同策略检查方法——CoRCC。首先将路由策略冲突检查转化为路由决策结果比较，证明了转化的正确性；其次基于离散对数假设和可交换加密函数设计了路由决策结果安全比较协议，并从理论上证明了协议的安全性；最后给出了使用 CoRCC 方法检查路由策略冲突的具体步骤，通过实验验证了该方法的有效性。与现有解决方案相比，CoRCC 方法具有以下四个优势：①能够在不暴露 ISP 路由策略的前提下实现策略冲突检查；②不需要引入第三方，避免了合谋攻击；③加/解密次数和通信开销分别减少 30% 和 50%；④具有良好的通用性，可用于策略冲突检查、路由有效性验证、路由策略协商等多种域间路由管理应用。

（3）基于信息共享的协同路由监测方法

针对域间路由监测中单自治系统监测能力不足的问题，本书提出了一种基于信息共享的协同路由监测方法——CoRVM。首先利用路由监测信息的局部性和相关性设计了一种信息共享机制，在该机制的作用下，ISP 能通过局部决策实现路由监测信息的按需共享，进而提高自治系统的路由监测能力；其次基于该机制给出了路由可信验证和虚假路由通知的具体办法；最后通过实验验证评估了信息共享机制的有效性。与现有解决方案相比，CoRVM 方法具有以下四个优势：①具有良好的自组织性，自治系统之间的协同不需要统一的调度管理中心；②具有良好的可扩展性，随着监测节点数量的增加，路由监测信息的有效覆盖率呈指数增长，无效通信开销呈指数减少；③具有激励性，自治系统对外共享的有效信息越多，自身收益越大；④适用于协同路由监测、协同入侵检测、抵御 DDos 攻击等多种协同管理应用。

（4）基于信誉机制的协同路由防御方法

针对域间路由安全中的虚假路由问题，本书提出了一种基于信誉机制的协同路由防御方法——CoRSD。首先，利用 ISP 的商业关系约束，设计了自治系统路由信誉计算模型，该模型根据自治系统已宣告路由的真实性统计结果，采用后验概率分析方法计算其路由信誉；其次，结合域间路由系统拓扑结构的幂律特性，提出了基于信誉联盟的组信誉管理机制；最后，针对路由前缀劫持和路径伪造两类典型路由攻击行为给出了基于信誉机制的协同路由防御方法。与现有解决方案相比，CoRSD 方法具有以下三个优势：①通过 ISP 的局部协同实现路由系统的整体安全防御，具备渐进部署能力，可实施性更强；②具有惩罚性，可以有效抑制虚假路由的传播范围并迅速隔离连续实施路由欺骗行为的自治系统；③信誉计算规模和管理开销

更低,非盟主节点的存储和通信开销比全分布式管理模型降低65%和69%。

(5)域间路由协同管理系统

基于上述研究,本书设计并实现了 ISPCMF 的原型系统——ISPCoware,对本书提出的协同管理方法进行了实现和验证,并从逻辑功能视图、模块开发视图、系统部署视图等多个角度对 ISPCoware 的实现技术进行讨论。ISPCoware 可以作为 ISP 管理域间路由的辅助工具,也可以作为开放式平台构筑一体化的域间路由协同管理环境。

8.2 未来展望

在本书的研究基础上,未来我们将对下面几个问题展开进一步的深入研究。

(1) ISPCMF 的实用化

ISPCMF 的研究目的在于为 ISP 设计和部署各种协同管理能力提供参考,本书提出的协同机制以及基于协同机制的管理应用都围绕这一目的展开。为了促使 ISPCMF 进一步实用化,在未来的研究工作中,将对 ISPCMF 进一步完善,如 ISP 之间的协商协议、互操作原语、各种协同机制和协同服务的管理方式,等等。ISPCMF 的最终目标是形成一套基于 P2P 网络的 ISP 协同管理中间件平台,以弥补现有互联网环境下基础设施的不足。

(2)协同形态的研究

ISP 在经济利益的驱动下,会自发地建立各种商业邻居关系与合作关系,这些关系可以视为协同形态的雏形,随着各种协同管理应用的增加,ISP 之间对协同关系的管理要求势必更加复杂。在这种情况下,如何建立具有通用性的协同关系管理机制、协同关系表现模型是下一步的研究方向。

（3）协同对互联网演化的效果

互联网域间路由系统是一个典型的自组织系统。随着 ISP 协同技术的发展，必将导致互联网的结构发生变化，对改善现有的单边控制现象大有帮助。下一步的研究将从更为宏观的角度，研究协同对互联网的演化作用。

参 考 资 料

[1] RFC1771, A Border Gateway Protocol 4 (BGP-4)[S].

[2] MARCELO Y, XAVIER M B, OLIVIER B. Open Issues in Interdomain Routing: a Survey[J]. IEEE Network, 2005, 19(6): 49-56.

[3] CIADA. The Cooperative Association for Internet Data Analysis [EB/OL]. (2010-03-27) [2010-04-07]. http://www.caida.org/home/.

[4] BROIDO A, NEMETH E, CLAFFY K. Internet Expansion, Refinement, and Churn[J]. European Transactions on Telecommuni- cations, 2002, 13(1): 33-51.

[5] GEOFF H. The 16-bit AS Number Report[EB/OL]. (2010-03-18) [2010-04-07] http:// www.potaroo. net/tools/asns/.

[6] RFC4893. BGP Support for Four-octet AS Number Space[S]. [时间不详].

[7] draft-bonaventure-irtf-rrg-rira-00, Reconsidering the Internet Routing Architecture[S].

[8] GREENBERG A, HJALMTYSSON G, MALTZ D A, et al. A Clean State 4D Approach to Network Control and Management[J]. ACM SIGCOMM Computer Communication Review, 2005, 35(5): 41-54.

[9] NICK F, HARI B, JENNIFER R, et al. The Case for Separating Routing from Routers[C]. in Proc. of ACM SIGCOMM 2004 Workshops, Portland USA:ACM, 2004: 5-12.

[10] LAKSHMINARAYANAN S, MATTHEW C, TIEN E C, et al. HLP: A Next Generation Inter-domain Routing Protocol[J]. Computer Communication Review, 2005, 35(4): 13-24.

[11] IETF. Global Routing Operations [EB/OL]. (2010-04-07) [2010-03-24] https:// datatracker.ietf. org/wg/grow/～charter/.

[12] IETF. Routing Protocols Security Working Group[EB/OL]. (2010-04-03) [2010-04-08] http:// tools.ietf.org/wg/rpsec/.

[13] draft-dai-sidr-bgp-advertisement-00, BGP Update Adverti- sement Restriction [S].

[14] NANOG. The North American Network Operators' Group[EB/OL]. (2010-04-07) [2010-04-07] http://www.nanog.org/.

[15] HUSSON G. BGP Routing Table Analysis Report[EB/OL]. (2010-04-10) [2010-04-10] http://bgp. potaroo.net/.

[16] BU T, GAO L, TOWSLEY D. On Routing Table Growth[J]. ACM SIGCOMM Computer Communication Review, 2002, 32(1): 77.

[17] RFC3065, Autonomous System Confederation for BGP[S].

[18] RFC2796, BGP Route Reflection[S].

[19] STEPHEN K, CHARLES L, KAREN S. Secure Border Gateway Protocol (S-BGP)[J]. IEEE Journal on Selected Areas in Communica- tions (JSAC), 2000, 18(4): 582-592.

[20] GEORGOS S, MICHALIS F. Neighborhood Watch for Internet Routing: Can We Improve the Robustness of Internet Routing Today?[C]. in Proc. of INFOCOM 2007, Anchorage USA:IEEE Computer Society, 2007: 1271-1279.

[21] MATTHEW C, JENNIFER R. BGP Routing Policies in ISP Networks [J]. IEEE Network, 2005, 19(6): 5-11.

[22] CHUN H Y, ADRIAN P, MARVIN S. SPV: Secure Path Vector Routing for Securing BGP[J]. Computer Communication Review 2004, 34(4): 179-192.

[23] VAN P C O, WAN T, EVANGELOS K. On Interdomain Routing Security and Pretty Secure BGP (psBGP)[J]. ACM Transactions on Information and System Security, 2005, 10(3): 1-41.

[24] WHITE R. Securing BGP Through Secure Origin BGP [EB/OL]. http:// www.cisco.com/web/about/ac123/ac147/archived_issues/ ipj_6-3/securing_bgp_ sobgp.html, 2003-09-01/2009-11-05.

[25] WEISS M B, SHIN S J. Internet Interconnection Economic Model and its Analysis: Peering and Settlement[J]. Springer Netnomics, 2004, 6(1): 43-57.

[26] CLAFFY K. Top Problems of the Internet and How to Help Solve Them[C]. in Proc. of Asia Pacific Information Technology Security Conference 2005 (AusCERT), Gold Coast Australia 2005.

[27] CLARK D D, WROCLAWSKI J, SOLLINS K R, et al. Tussle in Cyberspace: Defining Tomorrow's Internet[J]. Computer Communi- cation Review, 2002, 32(4): 347-356.

[28] FEAMSTER N, BALAKRISHNAN H, Rexford J. Some Foundational Problems in Interdomain Routing[C]. in Proc. of the 3th Workshop on Hot Topics in Networks (HotNets-III), San Diego CA USA:ACM, 2004: 41-46.

[29] NORTON W B. ISP Peering BOF XVII[EB/OL]. http://www. nanog. org/mtg-08-02, 2008-10-12/2009-11-17.

[30] VARADHAN K, GOVINDAN R, ESTRIN D. Persistent Route Oscillations in Inter-domain Routing[J]. Computer Networks, 2000, 32(1): 1-16.

[31] FEAMSTER N, BALAKRISHNAN H. Detecting BGP Configuration Faults with Static Analysis[C]. in Proc. of Networked Systems Design and Implementation, Boston USA:USENIX Association 2005: 43-56.

[32] YU B, MUNINDAR P S. An Evidential Model of Distributed Reputation Management[C]. in Proc. of the 1st International Joint Conference on: Autonomous Agents adn Multiagent Systems, Bologna, Italy:ACM, 2002: 294-301.

[33] HITESH B, PAUL F, XINYANG Z. A Study of Prefix Hijacking and Interception in the Internet[C]. in Proc. of ACM SIGCOMM 2007, Kyoto Japan:ACM, 2007: 265-276.

[34] RANDY B. An Operational ISP & RIR PKI[R]. 2006.

[35] NETWORK M. Internet Routing Registries[EB/OL]. (2010-04-15) [2010-01-12] http:// www.irr.net/.

[36] RouteViews. University of Oregon Route Views Project [EB/OL]. (2010-03-12) [2010-04-03] http://www.routeviews.org/.

[37] GEORGOS S, MICHAILS F. Analyzing BGP Policies: Methodology and Tool[C]. in Proc. of IEEE INFOCOM 2004, Hongkong China:IEEE Computer Society, 2004:1640-1651.

[38] Merit. The Routing Arbiter Project[EB/OL]. (2009-09-13) [2010-04-10]

http://www. merit.edu/ networkresearch/projecthistory/routingartiber/.

[39] OSAMU A, KENSUKE F, TOSHIO H, et al. Policy-based BGP Control Architecture for Autonomous Routing Management[C]. in Proc. of SIGCOMM Workshop on Internet Network Management (INM'06) Pisa Italy:ACM, 2006: 77-82.

[40] AVRAMOPOULOS, SUCHARA M, REXFORD J. How Small Groups Can Secure Interdomain Routing[R]. 2007.

[41] 哈肯. 高等协同学[M]. 郭治安, 译. 北京：科学出版社, 1989.

[42] GRIFFIN T G, SHEPHERD F B, WILFONG G. The Stable Paths Problem and Interdomain Routing[J]. IEEE/ACM Trancaction on Networking 2002, 1(10): 232-243.

[43] 赵会群, 张春宏, 刘冰玉, 等. 基于 AS 关系的 BGP 路由策略冲突检测研究[J]. 计算机研究与发展, 2002, 29(9): 1025-1030.

[44] 张春宏, 曲荣欣, 高远. 基于消除竞争环的路由策略冲突检测方法[J]. 计算机研究与发展, 2003, 40(2): 193-200.

[45] 赵会群, 孙晶, 高远, 等. 一个改进的 BGP 路由策略冲突检测方案[J]. 通信学报, 2002, 23(7): 103-109.

[46] 赵会群, 孙晶. 一种基于代数方法的路由震荡检测算法研究[J]. 计算机学报, 2007, 30(10): 1763-1769.

[47] CHEN T E, RAMACHANDRAN V, CHUN B G, et al. Resolving Inter- domain Policy Disputes[C]. in Proc. of ACM SIGCOMM 2007, Kyoto Japan:ACM, 2007: 157-168.

[48] ETO M, KADOBAYASHI Y, YAMAGUCHI S. Improvement of Consistency among AS Policies in IRR Databases[J]. IPSJ Digital Courier, 2005, 1(1): 216-225.

[49] DU W, ATALLAH M J. Secure MultiParty Computation Problems and Their Applications: A Review and Open Problems[C]. in Proc. of NSPW 2001, Cloudcroft USA:ACM, 2001: 11-20.

[50] MACHIRAJU S, KATZ R H. Reconciling Cooperation with Confidentiality in Multi-Provider Distributed Systems[R]. EECS Department,

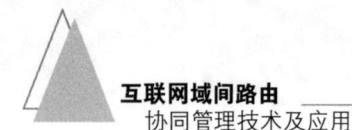

University of California, Berkeley, 2004.

[51] SCHNEIER B. Applied Cryptography: Protocols, Algorithms, and Source Code in C[M]. Hoboken USA:Jhon Wiley, 1996.

[52] EMMANUEL B, DARIO C, DAVID P. A Simple Public Key Cryptosystem with a Double Trapdoor Decryption Mechanism and Its Applications[C]. in Proc. of the 9th International conference on the theory and application of cryptology and information security (ASIACRYPT 2003) Taipei China:2003: 37-54.

[53] PAILLIER P. Public-Key Cryptosystems Based on Composite Degree Residuosity Classes[C]. in Proc. of Advance in Cryptology-Eurocrypt, Springer-Verlag, 1999: 223-238.

[54] 朱珂. Internet 域间路由稳定性研究[D]. 长沙:国防科学技术大学, 2005.

[55] RFC 2622. Routing Policy Specification Language(RPSL) [S]. [时间不详].

[56] GOVINDAN R, YU H, ESTRIN D. Large-Scale Weakly Consistent Replication using Multicast[R]. California USA: Department of Computer Science, University of Southern California, 1998.

[57] draft-ietf-rps-dist-00. Distributed Routing Policy System [S]. [时间不详].

[58] CONSORTIUM I S. Internet Routing Registry Toolset Project [EB/OL]. http://www.ripe.net/projects/irrtoolset/index.html, 2009-06- 13/2010-01-15.

[59] GAO L, REXFORD J. Stable Internet Routing without Global Coordination[J]. IEEE/ACM Transaction on Networking, 2001, 1(1): 307-317.

[60] NICK F, JAEYEON J, HARI B. An Empirical Study of "bogon" Route Advertisements[J]. Computer Communication Review, 2005, 35(1): 63-69.

[61] SOBRINHO J L. An Algebraic Theory of Dynamic Network Routing[J]. IEEE/ACM Transactions on Networking 2005, 13(5): 1160-1173.

[62] GAO L, GRIFFIN T G, REXFORD J. Inherently Safe Backup Routing with BGP[C]. in Proc. of IEEE INFOCOM 2001, Anchorage USA:IEEE Computer Society, 2001: 547-556.

[63] JAGGARD A D, RAMACHANDRAN V. Robustness of Class-Based

Path-Vector Systems[C]. in Proc. of the 12th IEEE International Conference on Network Protocols, Berlin Germany:IEEE Computer Society, 2004: 84-93.

[64] YILMAZ S, MATTA I. An Adaptive Management Approach to Resolving Policy Conflicts[C]. in Proc. of the 6th International IFIP-TC6 Networking Conference, Atlanta USA:Springer Berlin/Heidelberg, 2007: 820-831.

[65] WANG L, WU J, XU K. An Adaptive Mechanism to Guarantee BGP Routing Convergence with Policies Conflict[C]. in Proc. of the 2th IEEE/IFIP International Workshop on Broadband Convergence Networks, Munich Germany:IEEE Computer Society, 2007:1-12.

[66] MAHAJAN R, WETHERALL D, ANDERSON T. Negotiation-Based Routing Between Neighboring ISPs[C]. in Proc. of USENIX Symposium on Networked Systems Design and Implementation, Boston USA:USENIX Association, 2005: 29-42.

[67] GIREESH S, ADITYA A, ALMIR M. Cooperative Inter-domain Traffic Engineering Using Nash Bargaining and Decomposition[C]. in Proc. of IEEE INFOCOM 2007, Anchorage USA:IEEE Computer Society 2007: 330-338.

[68] LIXIN G. On Inferring Autonomous System Relationships in the Internet[J]. IEEE/ACM Transactions on Networking, 2001, 9(6): 733-745.

[69] Cisco. NCAT[EB/OL]. (2009-11-10) [2009-11-22] http://ncat.sourceforge.net/.

[70] ZHANG Y, ZHANG Z, MAO Z M, et al. On the Impact of Route Monitor Selection[C]. in Proc. of ACM SIGCOMM Internet Measurement Conference, San Diego USA:ACM, 2007: 215-220.

[71] draft-ietf-grow-bmp-01. BGP Monitoring Protocol draft- ietf-grow-bmp-03[S]. [时间不详].

[72] COOPER K. An Information Sharing and Analysis Center for the Internet[EB/OL]. (2010-04-05) [2010-04-10] http://www.nanog.org/meetings/nanog22/ abstracts. php?pt= MTAxMiZuYW5vZzIy&nm=nanog22.

[73] NSP-SEC. List to discuss nsp security incidents [EB/OL]. (2010- 04-02) [2009-04-10] https:// puck.nether.net/mailman/listinfo/nsp-security.

[74] draft-ietf-inch-rid-02. Distributed Denial of Service Incident Handling: Real-Time Inter-Network Defense[S]. [时间不详].

[75] Glasvezel.net. BGP Looking Glasses for IPv4/IPv6, Traceroute & BGP Route Servers[EB/OL]. (2009-12-23) [2010-3-17] http://www.bgp4.as/looking-glasses.

[76] RIPE. MyASN[EB/OL]. (2010-04-02) [2010-04-07] https://www.ripe.net/is/.

[77] Renesys. Renesys's Routing Intelligence[EB/OL]. (2010-04-02) [2010-04-07] http://www.renesys.com.

[78] LAD M, MASSEY D, PEI D, et al. PHAS: A Prefix Hijack Alert System[C]. in Proc. of the 15th USENIX Security Symposium, Vancouver Canada:USENIX Association, 2006: 153-166.

[79] XIAOLIANG Z, DAN P, LAN W, et al. An Analysis of BGP Multiple Origin AS (MOAS) Conflicts[C]. in Proc. of the 1th ACM SIGCOMM Internet Measurement Workshop (IMW 2001), San Francisco USA:ACM, 2001: 31-35.

[80] KRUEGEL C, MUTZ D, ROBERTSON W, et al. Topology-based Detection of Anomalous BGP Messages[C]. in Proc. of the 6th Symposium on Recent Advances in Intrusion Detection, Pittsburgh USA:Springer, 2003: 17-35.

[81] CHANGXI Z, LUSHENG J, DAN P, et al. A Light-Weight Distributed Scheme for Detecting IP Prefix Hijacks in Real-time[C]. in Proc. of ACM SIGCOMM 2007, Kyoto Japan:ACM, 2007: 277-288.

[82] RENATA T, SHARAD A, JENNIFER R. BGP Routing Changes: Merging Views from Two ISPs[J]. Computer Communication Review, 2005, 35(5): 79-82.

[83] QIU J, GAO L, RANJAN S, et al. Detecting Bogus BGP Route Information: Going Beyond Prefix Hijacking[C]. in Proc. of the 3rd International Conference on Security and Privacy in Communication Networks (SecureComm), Nice France:IEEE Computer Society, 2007: 381-390.

[84] LIU X, ZHU P, PENG Y, et al. A Cooperative Method for Prefix Hijack Detection in the Internet[C]. in Proc. of 2007 IEEE Globecom Workshops, Washington USA:IEEE Computer Society 2007: 1-5.

[85] draft-murphy-threat-00.txt, Routing Protocol Threat Analysis [S]. [时间不详].

[86] GOODELL G, AIELLO W, GRIFFIN T, et al. Working around BGP: An incremental approach to improving security and accuracy of interdomain routing[C]. in Proc. of the 10th Annual Network and Distributed System Security Symposium San Diego USA:ISOC, 2003: 231-242.

[87] PEI D, MOHIT L, BEICHUAN Z. Route Diagnosis in Path Vector Protocols[R]. UCLA CSD, 2004.

[88] RAY I, KIM E, MASSEY D. A Framework to Facilitate Forensic Investigation for Falsely Advertised BGP Routes[J]. Information System Security, 2007, 3(2): 32-65.

[89] 刘欣, 朱培栋, 彭宇行. 防范前缀劫持的互联网注册机制[J]. 软件学报, 2009, 20(3): 620-629.

[90] PERLMAN R. Network Layer Protocols with Byzantine Robustness[D]. Boston USA:Massachusetts Institute of Technology Electrical Engineering and Computer Science, 1998.

[91] RFC2401. Security Architecture for the Internet Protocol[S]. [时间不详].

[92] RFC3779. X.509 Extensions for IP Addresses and AS Identifiers[S]. [时间不详].

[93] GEOFF H. Using Resource Certificates[R]. 2006.

[94] ZHAO M, SMITH S W, NICOL D M. Evaluating the Performance Impact of PKI on BGP Security[C]. in Proc. of the 4th Annual PKI R&D Workshop, 2005: 42-48.

[95] JOSH K, STEPHANIE F, JENNIFER R. Pretty good BGP: Improving BGP by cautiously adopting routes[C]. in Proc. of the 14th IEEE International Conference on Network Protocols, Santa Barbara USA:IEEE Computer Society, 2006: 290-299.

[96] SUBRAMANIAN L, ROTH V, STOICA I, et al. Listen and Whisper: Security Mechanisms for BGP[C]. in Proc. of 1th Symposium on Networked Systems Design and Implementation (NSDI'04), San Francisco USA:USENIX, 2004: 127-140.

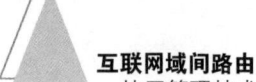

[97] RANDY B. Validation of Received Routes[EB/OL]. (2009-12-14) [2000-11-12] http://archive. psg.com/001023.nanog/.

[98] CYMRU T. The Bogon Reference[EB/OL]. http://www. team-cymru.org/Services/Bogons/, 2010-03-15.

[99] draft-zhao-idr-moasvalidation-00.txt. Validation of Multiple Origin ASes Conflicts through BGP Community Attribute[S]. [时间不详].

[100] ZHENG Z, YING Z, CHARLIE H Y, et al. Practical Defenses Against BGP Prefix Hijacking [C]. in Proc. of the 3th International Conference on Emerging Networking EXperiments and Technologies (CoNEXT), New York USA:ACM, 2007: 1-12.

[101] RATUL M, DAVID W, TOM A. Understanding BGP Misconfiguration [J]. Computer Communication Review, 2002, 32(4): 3-16.

[102] TUOMELA R. Cooperation: A Philosophical Study[M]. Amsterdam Holland: Springer, 2000.

[103] GIRALDEAU L A, CARACO T. Social Foraging Theory[M]. Princeton USA: Princeton University Press, 2000.

[104] ARNEY D C, PETERSON E. Cooperation in Social Networks: Communication, Trust, and Selflessness[C]. in Proc. of 2008 Army Science Conference, Orlando USA:Assistant Secretary of the Army, 2008.

[105] 卢锡城, 王怀民, 王戟. 虚拟计算环境 iVCE: 概念与体系结构[J]. 中国科学 E 辑 信息科学, 2006, 36(10): 1081-1099.

[106] T. Reuters, Web of Knowledge[EB/OL]. (2010-04-10) [2010-04-10] http:// isiwebofknowledge. com/.

[107] 中国知网, 中国知网[EB/OL]. (2010-04-04) [2010-04-10] http://www.cnki.net/ .

[108] ABBOTT R. Emergence Explained: Abstractions: Getting Epiphenomena to Do Real Work: Essays and Commentaries[J]. Complexity, 2006, 12(1): 13-26.

[109] DORIGO M, STÜTZLE T. Ant Colony Optimization[M]. Cambridge USA:MIT, 2004.

[110] SCHUTTER G, THERAULAZ G, DENEUBOURG G J. Animal-

Robots Collective Intelligence[J]. Annals of Mathematics and Artificial Intelligence, 2001, 1(1): 223-238.

[111] GROSZ B J, KRAUS S, SULLIVAN D G, et al. The Influence of Social Norms and Social Consciousness on Intention Reconciliation[J]. Artificial Intelligence, 2002, 142(2002): 147-177.

[112] MILLS K L. Computer-Supported Cooperative Work Challenges[J]. Encyclopedia of Library and Information Science, 2003, 1(1): 678-684.

[113] POLYCARPOUY M M, YANGY Y, PASSINOZ K M. A Cooperative Search Framework for Distributed Agents[C]. in Proc. of the 2001 IEEE International Symposium on Intelligent Control (ISIC'01), Mexico City Mexico:IEEE Computer Society, 2001: 1-6.

[114] SU X, KHOSHGOFTAAR T M. A Survey of Collaborative Filtering Techniques[J]. Advances in Artificial Intelligence, 2009, 2009(2009): 1-19.

[115] WATKINS J H, RODRIGUEZ M A. A Survey of Web-based Collective Decision Making Systems[C]. in Proc. of 4th Lake Arrowhead Conference on Human Complex Systems, Los Angeles USA:Human Complex Systems, 2008: 245-279.

[116] Stanford, Cooperative Security[EB/OL]. http://www.state. gov/p/eur/rt/epine/c10610.htm, 2010-3-10.

[117] B. Tung, Common Intrusion Detection Framework Specification [EB/OL]. (2009-09- 13) [1999-09-10] http://gost.isi.edu/cidf/.

[118] KATJA L, RAINER B, TANSU A, et al. A Cooperative AIS Framework for Intrusion Detection[C]. in Proc. of the 2007 IEEE International Conference on Communications (ICC'07), Glasgow UK:IEEE Computer Society, 2007: 1409-1416.

[119] YU C, KAI H, WEI-SHINN K. Collaborative detection of DDoS attacks over multiple network domains[J]. IEEE Transactions on Parallel and Distributed Systems, 2007, 18(12): 1649-1662.

[120] YAO A C. Protocols for Secure Computations[C]. in Proc. of the 23rd IEEE Symposium On the Foundation of Computer Science, 1982: 160-164.

[121] GOLDREICH O, MICALI S, WIGDERSON A. How to Play ANY Mental Game[C]. in Proc. of 19th ACM Symposium on Theory of Computing,

New York USA:ACM 1987: 218-229.

[122] CHAUM D, CRÉPEAU C, DAMGARD I. Multiparty Unconditionally Secure Protocols[C]. in Proc. of 20th ACM Symposium On the Theory of Computing, Chicago USA:ACM, 1988: 11-19.

[123] CHOR B, GOLDREICH O, KUSHILEVITZ E. Private Information Retrieval [J]. Journal of the ACM, 1998, 45(6): 965-982.

[124] BENNY C, NIV G. Computationally Private Information Retrieval[C]. in Proc. of 32th Annual ACM Symposium on Theory of Computing, El Paso USA:ACM, 2000: 304-313.

[125] GERTNERY, ISHAI Y, KUSHILEVITZ E, et al. Protecting Data Privacy in Private Information Retrieval Schemes[C]. in Proc. of the 30th Annual ACM Symposium on theory of Computing (STOC'98), Dallas USA: 1998: 151-160.

[126] AUDUN J, ROSLAN I, COLIN B. A Survey of Trust and Reputation Systems for Online Service Provision[J]. Decision Support Systems, 2007, 43(2): 618-644.

[127] ABDUL-RAHMAN A, HAILES S. Supporting Trust in Virtual Communities[C]. in Proc. of 33th Hawaii International Conference on System Sciences(HICSS'00), Hawaii USA:IEEE Computer Society, 2000: 1-9.

[128] MICHIARDI P, MOLVA R. CORE: A Collaborative Reputation Mechanism to Enforce Node Cooperation in Mobile Ad hoc Networks[C]. in Proc. of the 6th Joint Working Conference on Communications and Multimedia Security, Portoroz Slovenia:ACM, 2002: 107-121.

[129] SABATER J, SIERRA C. REGRET: A Reputation Model for Gregarious Societies[C]. in Proc. of the 15th International Conference on Autonomous Agents Montreal Canada ACM 2001: 194-195.

[130] MUI L, MOHTASHEMI M, HALBERSTADT A. A Computational Model of Trust and Reputation for E-businesses[C]. in Proc. of the 35th Annual International Conference on System Sciences, Hawaii USA:IEEE Computer Society, 2002: 2431-2439.

[131] FARAG A, MUTHUCUMARU M. Evolving and Managing Trust in Grid Computing Systems[C]. in Proc. of Canadian Conference on Electrical and

Computer Engineering, Winnipeg Canada:IEEE Computer Society, 2002: 1424-1429.

[132] BETH T, BORCHERDING M, KLEIN B. Valuation of Trust in Open Networks[C]. in Proc. of the 3rd European Symposium on Research in Computer Security (ESORICS'94), Brighton United Kingdom:Springer-Verlag, 1994: 3-18.

[133] RESNICK P, ZECKHAUSER R, SWANSON J, et al. The Value of Reputation on eBay: A Controlled Experiment. Experimental Economics[J]. Experimental Economics, 2006, 9(2): 79-101.

[134] EPINIONS. Epinions.com[EB/OL]. (2010-04-07) [2010-04-07] http://www0.epinions.com/.

[135] AMAZOM. Amazom.com[EB/OL]. (2010-02-19) [2010-03-10] http://www.amazon.com/.

[136] CORNELLI F, DAMIANI E, CAPITANI S D. Choosing Reputable Servents in a P2P Network[C]. in Proc. of the 11th World Wide Web Conference, Hawaii USA:ACM, 2002: 376-386.

[137] DAMLANI E, VIMERCATL D C d, PARABOSEHI S. A Reputation based Approach for Choosing Reliable Resources in Peer-to-peer Networks[C]. in Proc. of the 9th ACM conference on Computer and communications security, Washington USA:ACM, 2002: 207-216.

[138] XIONG L, LIU L. A Reputation-Based Trust Model for Peer-to-Peer eCommerce Communities[C]. in Proc. of IEEE International Conference on E-Commerce, Newport Beach USA:IEEE Computer Society, 2003: 275-284.

[139] HUYNH T D, JENNINGS N R, SHADBOLT N R. An Integrated Trust and Reputation Model for Open Multi-Agent Systems[J]. Autonomous Agents and Multi-Agent Systems, 2006, 13(2): 119-154.

[140] JØSANG A. The Beta Reputation System[C]. in Proc. of the 15th Bled Conference on Electronic Commerce, Bled Slovenia:Electronic Commerce Center, 2002: 324-337.

[141] ALMENAREZ F, MARIN A, DIAZ D, et al. Developing a Model for Trust Management in Pervasive Devices[C]. in Proc. of the 4th Annual IEEE International Conference on Pervasive Computing and Communications

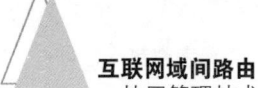

Workshops, Pisa Italy:The IEEE Computer Society, 2006: 267-271.

[142] JAMEEL H, HUNG L X, KALIM U. A Trust Model for Ubiquitous Systems Based on Vectors of Trust Values[C]. in Proc. of the 7th IEEE International Symposium on Multimedia (ISM 2005), Irvine USA:IEEE Computer Society, 2005: 674-679.

[143] THEODORAKOPOULOS G, BARAS J S. On Trust Models and Trust Evaluation Metrics for Ad-Hoc Network[J]. IEEE Journal on Selected Areas in Communications (JSAC), 2006, 24(2): 318.

[144] LINDSAY S Y, WEI Y, ZHU H. Information Theoretic Framework of Trust Modeling and Evaluation for Ad Hoc Networks[J]. IEEE Journal on Selected Areas in Communications (JSAC), 2006, 24(2): 305-315.

[145] REHAK M, FOLTYN L, PECHOUCEK M, et al. Trust Model for Open Ubiquitous Agent Systems[C]. in Proc. of IEEE/WIC/ACM International Conference on Intelligent Agent Technology (IAT'05), France:IEEE Computer Society, 2005: 536-542.

[146] KARL A, ZORAN D. Managing Trust in A Peer-2-Peer Information System[C]. in Proc. of the 10th International Conference on Information and Knowledge Management, Atlanta USA:ACM, 2001: 310-317.

[147] KAMVAR S D, SCHLOSSER M T, GARCIA-MOLINA H. The EigenTrust Algorithm for Reputation Management in P2P Networks [C]. in Proc. of the 12th International World Wide Web Conference, Budapest Hungary, 2003: 640-651.

[148] MINAXI G, PAUL J, MOSTAFA A. A Reputation System for Peer-to-Peer Networks[C]. in Proc. of the 13th International Workshop on Network and Operating Systems Support for Digital Audio and Video, Monterey USA:ACM, 2003: 144-152.

[149] PRASHANT D, PARTHA D. Securing Reputation Data in Peer-to-Peer Networks[C]. in Proc. of the 16th IASTED International Conference on Parallel and Distributed Computing and Systems, Cambridge USA:ACTA, 2004: 485-490.

[150] SEUNGJOON L, ROB S, BOBBY B. Cooperative Peer Groups in NICE[C]. in Proc. of the 22nd Annual Joint Conference on the IEEE Computer

and Communications Societies, San Francisco USA:IEEE Computer Society, 2003: 1272-1282.

[151] SINGH A, LIU L. TrustMe: Anonymous Management of Trust Relationships in Decentralized P2P Systems[C]. in Proc. of the 3rd International Conference on Peer-to-Peer Computing, LinkÖping Sweden:IEEE Computer Society 2003: 142-149.

[152] LIU L, ZHANG S, RYU K D. R-Chain: A Self Maintained Reputation Management System in P2P Networks[C]. in Proc. of the 17th Internafional Conference on Parallel and Distributed Computing Systerns, San Francisco USA:ACM, 2004: 131-136.

[153] FLORIAN K, JOCHEN H, YÜCEL K, et al. PathTrust: A trust-based reputation service for virtual organization formation[C]. in Proc. of the 4th International Conference on Trust Management, Pisa Italy:Springer, 2006: 193-205.

[154] BUCHEGGER S, BOUDEC J Y L. A Robust Reputation System for Peer-to-Peer and Mobile Ad-hoc Networks[C]. in Proc. of the 2nd Workshop on the Economics of Peer-to-Peer Systems, Harvard University USA:Harvard University, 2004: 1-6.

[155] BANSAL S, BAKER M. Observation-based Cooperation Enforcement in Ad Hoc Networks[R]. Stanford University, 2003.

[156] GANERIWAL S, BALZANO L K, SRIVASTAVA M B. Reputation-based Framework for High Integrity Sensor Networks[J]. 2nd ACM workshop on Security of ad hoc and sensor networks 2008, 4(3): 66-77.

[157] HARLAN Y, JENNIFER R, F E W. A Distributed Reputation Approach to Cooperative Internet Routing Protection[C]. in Proc. of the 1th Workshop on Secure Network Protocols (NPSec), Boston USA:IEEE Computer Society 2005: 73-78.

[158] RENATAT, AMAN S, TIM G, et al. Dynamics of Hot-potato Routing in IP Networks[C]. in Proc. of Sigmetrics - Performance 2004 New York USA:ACM, 2004: 307-318.

[159] GIUSEPPE D B, THOMAS E, ALEXANDER H, et al. Computing the Types of the Relationships Between Autonomous Systems[J]. IEEE/ACM

Transactions on Networking, 2007, 15(2): 267-280.

[160]LABOVITZ C, AHUJA A, WATTENHOFER R, et al. The Impact of Internet Policy and Topology on Delayed Routing Convergence[C]. in Proc. of IEEE INFOCOM 2001, Anchorage USA:IEEE Computer Society, 2001: 537-546.

[161] ANJAF, OLAF M, MORLEY M Z, et al. Locating Internet Routing Instabilities[C]. in Proc. of ACM SIGCOMM 2004, Portland USA:ACM, 2004: 205-218.

[162]QUOITIN B, UHLIG S, PELSSER C, et al. Interdomain Traffic Engineering with Redistribution Communities[J]. Computer Communications, 2004, 27(4): 355-363.

[163]GRIFFIN T. What is the Sound of One Route Flapping[J]. Network Modeling and Simulation Summer Workshop, 2002, 1(1).

[164]RENATA T, JENNIFER R. A Measurement Framework for Pinpointing Routing Changes[C]. in Proc. of ACM SIGCOMM 2004 Workshops, Portland USA: 2004: 313-318.

[165]RFC4272. BGP Security Vulnerabilities Analysis[S]. [时间不详].

[166]ZMIJEWSKI E. Threats to Internet Routing and Global Connectivity [EB/OL]. (2010-03-18)[2008-06-02] http://www.renesys.com/tech/presentations/pdf/20thannualFIRST.pdf.

[167]OLA N, CONSTANTINOS D. Beware of BGP Attacks[J]. Computer Communication Review, 2004, 34(2): 1-8.

[168]NANOG. 7007 Explanation and Apology[EB/OL]. [1997-04-26] (2009-10-18)http://www.merit.edu/mail.archives/nanog/1997-04/msg00444.html.

[169]NANOG. AS8584 Taking Over the Internet[EB/OL]. (2009-11-17) [1998-04-10]http://www. merit.edu/mail.archives/nanog/1998-04/msg00109.html.

[170]NANOG. Man Filters[EB/OL]. (2009-09-13) [2000-12-07] http://www.merit.edu/ mail.archives/ nanog/2000-12/msg00110.html.

[171]NANOG. C&W Routing Instability. [EB/OL]. http://www. merit.edu/mail.archives/nanog/2001-04/msg00209.html, 2001-04-06/.

[172] POPESCU A C, PREMORE B J, UNDERWOOD T. The Anatomy of a Leak: AS9121[EB/OL]. (2009-12-02) [2005-05-15] http://www.renesys.com/tech/presentations/pdf/ renesys- nanog34.pdf.

[173] RIPE. YouTube Hijacking: A RIPE NCC RIS Case Study[EB/OL]. (2009-01-13)[2009-12-14]http://www.ripe.net/news/study-youtube-hijacking.html.

[174] FEAMSTER N, BORKENHAGEN J, REXFORD J. Guidelines for Inter-domain Traffic Engineering[J]. ACM SIGCOMM Computer Communication Review archive, 2003, 33(5): 19-30.

[175] MATTHEW R, YIN Z. Privacy-preserving Performance Measurements [C]. in Proc. of SIGCOMM Workshop on Mining Network Data (MineNet'06), Pisa Italy:ACM, 2006: 329-334.

[176] 刘焕敏, 王华, 胡湘江, 等. 域间路由系统 AS 联盟机制的研究[J]. 计算机工程, 2009, 35(5): 97-100.

[177] BONEH D. The Decision Diffie-Hellman Problem[C]. in Proc. of the 3rd International Algorithmic Number Theory Symposium, Portland USA: Springer, 1998: 48-63.

[178] RAKESH A, ALEXANDRE E, RAMAKRISHNAN S. Information Sharing Across Private Databases[C]. in Proc. of ACM SIGMOD Conference 2003, San Diego USA:ACM, 2003: 86-97.

[179] Merit. Routing Assets Database[EB/OL]. (2010-03-15) [2010-04-07] http://www.radb. net/.

[180] Quagga. Quagga Routing Software Suite[EB/OL]. (2010-03-10) [2010-03-10] http://www. quagga.net/.

[181] SMITH K, SELIGMAN L. Everybody Share: The Challenge of Data-Sharing Systems[J]. Computer, 2008, 41(9): 54-61.

[182] GALOR E, GHOSE A. The Economic Incentives for Sharing Security Information[J]. Information Systems Research, 2005, 16(2): 186-208.

[183] NEWMAN M E J. The Structure and Function of Complex Networks[J]. SIAM Review, 2003, 45(2): 167-256.

[184] DUNCAN J W, STEVEN H S. Collective Dynamics of small-world' Networks[J]. Nature, 1998, 393(6684): 440-442.

[185] HUSTON G. AS6447 BGP Routing Table Analysis Report[EB/OL]. (2010- 12-03) [2010-04-07] http://bgp.potaroo.net/as6447/.

[186] RESNICK P, ZECKHAUSER R, FRIEDMAN E, et al. Reputation Systems: Facilitating Trust in Internet Interactions[J]. Communica- tions of the ACM, 2003, 43(12): 45-48.

[187] HECKERMAN D. A Tutorial on Learning with Bayesian Networks, in Learning in Graphical Models, M, Ed.: MIT, 1998.

[188] CASELLA G, BERGER R L. Statistical Inference[M]. Pacific Grove USA:Duxbury Press, 1990.

[189] 黄洪宇, 林甲祥, 陈崇成, 等. 离群数据挖掘综述[J]. 计算机应用研究, 2006, 23(8): 8-13.

[190] DIMITROPOULOS X, KRIOUKOV D, RILEY G. Revisiting Internet AS-level Topology Discovery[C]. in Proc. of the 6th International Workshop on Passive and Active Network Measurement (PAM 2005), Boston USA: Heidelberg: Springer- Verlag, 2005: 177-188.

[191] HEI Y, NAKAO A, HASEGAWA T, et al. AS Alliance: Cooperatively Improving Resilience of Intra-alliance Communica-tion[C]. in Proc. of International Conference On Emerging Network- ing Experiments And Technologies Madrid Spain ACM, 2008.

[192] MONDRAGON R. The Rich-club Phenomenon in the Internet Topology[J]. IEEE Communications Letters, 2004, 8(3): 180-182.